産業用ロボット全史

小平紀生 著

自動化の発展から見る
要素技術と生産システムの変遷

日刊工業新聞社

はじめに

生産財に関わる仕事に従事していると、客先の製造現場に入ることも多く、日本の製造業のその時の風を肌で感じることができます。製造現場は、基本的に製造業の競争力を産み出す現場ですので、その時々に応じた緊張感があります。半世紀近く産業用ロボットに関わってきましたが、その肌感覚は随分変わってきたと思います。その時々の製造現場の課題はどんなことで、それに対してロボット産業はどう応えてきたのか、どう応えられなかったのか、これを産業史として整理することが本書の目的とするところです。

2019年の年末、当時、日本ロボット工業会内に事務局を置いていたFA・ロボットシステムインテグレータ協会（JARSIA：Japan Robot System Integrator Association）で、経済産業省の若手官僚である小林寛さんと久々にお会いしました。2018年当時に産業機械課ロボット政策室の課長補佐であった小林さんは、JARSIAの立ち上げに奔走した同志です。孫とは言わぬまでも、歳の差40の友人として、その後も時おり、産業用ロボットの話題や製造業の状況など情報交換をするようになっていました。2019年の年末の会話も製造業の話で盛り上がりましたが、私も60歳半ばを過ぎて、そろそろ会社から退職することを考え始めている旨の話をしたところ、退職はしても業界には留まるべきと力説されました。さらに私が当時、さまざまな講演会などで話題として取り上げていた「産業用ロボットは日本のものづくりをどう変えるのか」という趣旨で本を書くべきとまで言われました。ロボット産業に長くかかわっているうちに、ロボットという生産財製品を通じて、日本の製造業の競争力に強い関心を持つようになっており、自分なりに整理はしていました。これをきっかけとして日刊工業新聞社の出版企画に至ったというのが、本書のいきさつです。

講演資料や雑誌に書いた記事を整理すれば何とかなるかと思いきや、かなり難産で企画から出版まで3年あまりかかってしまいました。難産の要因の第一は、個人史や社史ではないため業界全体を俯瞰的に捉えないといけない、しかしエポックメーキングな事柄などについては触れる必要があるという点です。幸いにして、2000年代半ばに産業用ロボット事業部門のマネージメントから解放された後、ロボットに関わる業界、学会、官公庁対応活動をすべて引き受けていた関係から、業界全体に関わる情報を得る機会には恵まれていました。しかし所詮は個人の経験です、過去の信頼できる資料やデータの収集、他社の方々との情報交換などが必要でした。こうした調査をもとに、できる限り客観的な記述をするように努めましたが、著者なりの解釈において記述している箇所もあります。

難産要因の第二は、技術のみならず、経営・経済におよぶ広範囲にわたる内容を、正しくかつ平易に伝えることです。技術的な内容としては、工学部の大学生1、2年生程度の初学者レベルを想定しましたので、技術系のキーワードは使いましたが、専門知識を必要としない概要解説にとどめています。経営・経済については、独学では心もとなかったため、難産ついでに商学研究科大学院に2年間在籍し、専門家の先生方からディスカッションを通じたご指導をいただきました。

本書は産業用ロボットという生産財産業について、その時の製造業や産業技術との関わり合いを中心として、歴史の流れに従って業界の中の立場から解説しています。関係する技術や社会状況について多少網羅的な内容にはなっておりますが、さほど深い専門知識がなくても理解できるように、平易な解説とすることを心がけました。ロボット産業に関わる皆様にとっては、改めてロボット産業を俯瞰的に見る一助となればと思います。その他すべての製造業に関わる皆様、行政や支援機構などの産業施策に関わる皆様、生産財産業に興味をお持ちの社会人および学生の皆様にとっても、ロボット産業の姿をご理解いただけると思います。

小平紀生

産業用ロボット全史
自動化の発展から見る要素技術と生産システムの変遷

目　次

第2章 生産機械として完成度を高める産業用ロボット

1980年代、1990年代の産業用ロボット発展史

第3章 生産システムの構成要素としての価値向上

2000年代、2010年代の産業用ロボット発展史

第4章 ロボット産業を取り巻く日本の製造業の姿

終章 ロボット産業の今後の発展のために

序 章

産業用ロボットの市場と生産財としての特徴

ロボットは何らかの機能を発揮する人造機械の総称ですが、本書で取り上げるのは、製造業の競争力を高めるために、各種の製造現場で活用される産業用ロボットです。

日本の製造業は戦後の高度経済成長期以来、経済のけん引役として時代とともに大きな変化を遂げてきました。産業用ロボットは時代の要請に応じて登場し、製造業の変化とともにその役割を深めながら、およそ半世紀の歴史を刻んでいます。本書では製造業の変化を背景として、産業用ロボットの社会的価値の変化や技術的進化について解説していきます。

1　ロボット産業の発展経緯の概括

産業用ロボットの源流は1960年代初頭のアメリカにありますが、製造現場で使える生産機械としての市場は1980年代から日本を中心に形成されていきました。1980年代の日本の産業用ロボット市場は自動車メーカや電気機器メーカといったパワーユーザの積極的な活用努力と、これに応えるべく多くの機械メーカ、電機メーカによるロボット事業参入により、急速な初期成長を果たしています。その結果、1990年には全世界での日本製ロボットの供給シェア88%、日本市場の需要シェア75%という圧倒的なレベルに達し、日本はロボット大国と言われるようになりました（**図序-1**）[1][2]*。

その後1990年初頭にバブル経済が崩壊し、製造業の設備投資抑制により産業用ロボットの出荷台数は減少に転じます。ロボット事業は厳しい時代を迎え、ロボットメーカの淘汰も進みました。国内向け出荷は不振が続くなか、輸

＊　本書では、ロボットの市場の数値としては主に出荷台数を用います。日本市場の数値としては一般社団法人日本ロボット工業会（JARA：Japan Robot Association）から「ロボット産業需給動向」として公開されるマニピュレーティングロボットの出荷データ、世界市場の数値としては国際ロボット連盟（IFR：International Federation of Robotics）から毎年公開されるWorld Robotics-Industrial Robotsの出荷データを用います。マニピュレーティングロボットとは、JARAから公開される広義の産業用ロボットの区分のうち、いわゆる多自由度型ロボットに限定したものです。

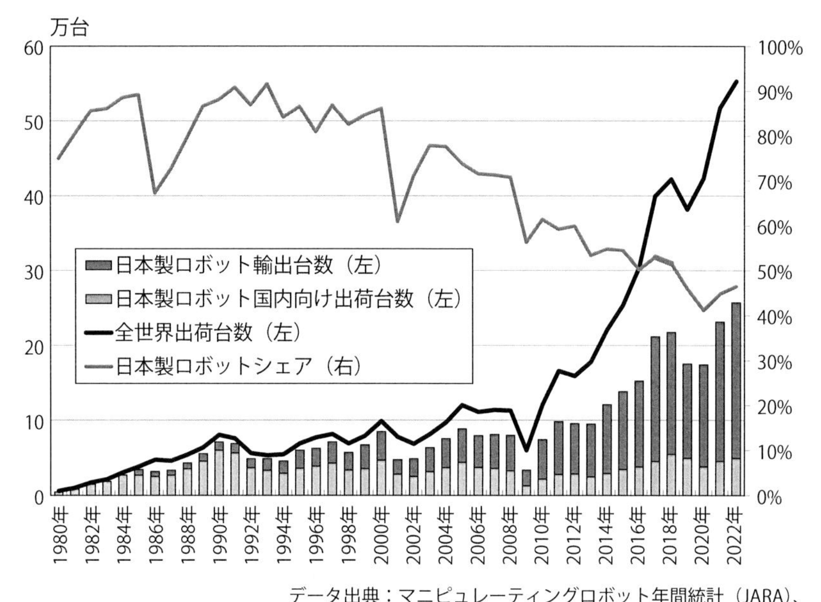

図序-1　産業用ロボットの世界市場における日本製ロボット

出を中心に徐々に回復へと向かいます。2000年のITバブル崩壊により出荷台数が激減しましたが、2001年を底として再び回復していきました。

初期成長期には圧倒的な国内需要に支えられていたロボット産業は、今や輸出型産業へと変貌を遂げました。ただし、2000年代には日本製ロボットの世界シェアダウンが始まりました。

ロボット産業は2009年のリーマンショック時には、三度目の出荷激減に見舞われました。生産財産業である産業用ロボットの市場状況は、製造業の設備投資意欲に大きく左右されるので景気の影響を大きく受けますが、リーマンショックの影響が小さかったアジア市場の需要に支えられ一気に回復しました。特に2013年から2017年の5年は、爆発的な中国需要に支えられて日本製ロボットの出荷台数は年間10万台規模から20万台規模へと倍増し、バブル崩壊以降20年ほど続いたロボット産業の市場停滞は終わりをむかえました[3][4]。

一方、産業用ロボットの世界需要の伸びは、日本製ロボットの出荷の急伸をはるかに上回っており、日本製ロボットのシェアはダウンし続け、2020年ごろには世界シェアは50%の水準となりました。中国をはじめとするアジアの新興工業国製ロボットが市場に現れ、かつての多数の日本メーカと数社の欧州メーカで構成されていたロボット産業の世界構図は大きく変化し始めました。

2020年代の産業用ロボット市場は、米中貿易摩擦、中国市場の急成長から安定成長への変化などの影響から、世界市場の急拡大は一旦沈静化しています。さらに世界規模での感染症禍、世界各国の国内分断化傾向、ウクライナ情勢に表れた世界情勢の不安定化など、世界経済の先行きは不透明な状況にあります。

しかし、日本のロボット産業の世界シェア50%は、依然として日本が強さを発揮しているとして誇るべき数字です。また、全世界の産業用ロボットの年間出荷台数は急増したとはいえ40万台にすぎず、ロボットを活用している製造業分野はいまだ限定的であるといえます。世界の製造業において、ロボットの活用が未開拓な潜在需要は圧倒的に多く、今後の世界市場開拓と国際競争において日本のロボット業界がどのようなリーダーシップを発揮するか、これは日本の製造業のグローバル化の一つの姿として問われることとなります。

2　生産財製品としての特性

産業用ロボットは、精密機械、パワーエレクトロニクス、電子制御、情報処理などの複合技術で構成された典型的なメカトロニクス*製品です。生産現場でさまざまな使い方に耐えられる機械を開発するためには、信頼性の高い精密機械を仕上げる機械技術、高速高精度制御技術、さまざまな役割を果たすための情報処理技術や通信技術など幅広く複合的かつ高度な技術が必要です。

＊　メカニクス（機械装置）とエレクトロニクス（電子装置）を合成した造語で、具体的には機械装置を電子工学・情報処理技術を駆使して制御する技術を総称しています。1972年に安川電機によって商標登録されましたが、現在は商標権が放棄され、一般名称として使われています。

加えて、産業用ロボットにとっては「使う」技術が重要です。製造現場の要求に適合した生産システムとして価値が発揮されるかどうかは、ロボットの機能や性能より、むしろ「使う」技術にかかっています。

2-1　ロボットは半完結製品

産業用ロボットは「半完結製品」という、生産財としては特殊な製品です[5]。一般的な生産財としては、加工機械のように生産設備として完結している「製品」と、モータや通信ユニットのように機能が限定的で性能が明確な「部品」が大多数ですが、半完結製品とはシステムに組み込まれてはじめて価値が確定する製品です。半完結製品は、ある程度汎用性のある設備で、製品単独の機能や性能は確定していますが生産財としての価値は未確定です。いわば「何かができる可能性がある」という価値を持っているに過ぎません。

この半完結製品としての生産財の価値が明確化されるプロセスが、システムインテグレーションと呼ばれる工程です（**図序-2**）。産業用ロボットのシステムインテグレーションとは、さまざまなロボットや付属機器をエンドユーザの目的と用途に応じて、適宜組み合わせる役割を担う機能を指します。そうした役割を持つ企業のことをシステムインテグレータと呼びます。システムインテグレータは、独立した生産設備構築事業者とは限らず、自動車メーカなどの生産設備導入部門のようにユーザ側の組織である場合も、ロボットメーカのシステムエンジニアリング担当部門や担当関連会社のようにメーカ側の組織である場合もあります（**図序-3**）。

ロボットメーカの商材は、機械単体としてのロボットと、関連するオプション類ですが、ハンドや溶接トーチなどのようなエンドエフェクタは、物件ごとのカスタム仕様となるためロボットメーカでは通常は扱いません。したがって、産業用ロボットのシステムインテグレーションでは、最低限でも目的作業に応じて、先端にエンドエフェクタを取り付け、プログラミングにより動作を決める必要があります。さらに、ビジョンセンサなどの外部センサ機器と接続し、外部機器との通信、パトライトなどの表示機能を実装し、防護柵などの安

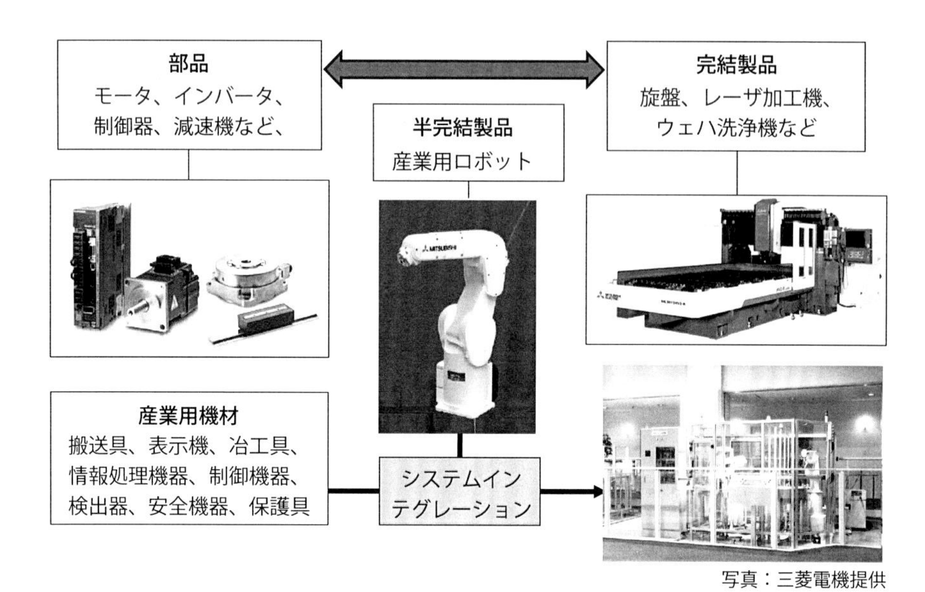

図序-2　半完結製品としての産業用ロボット

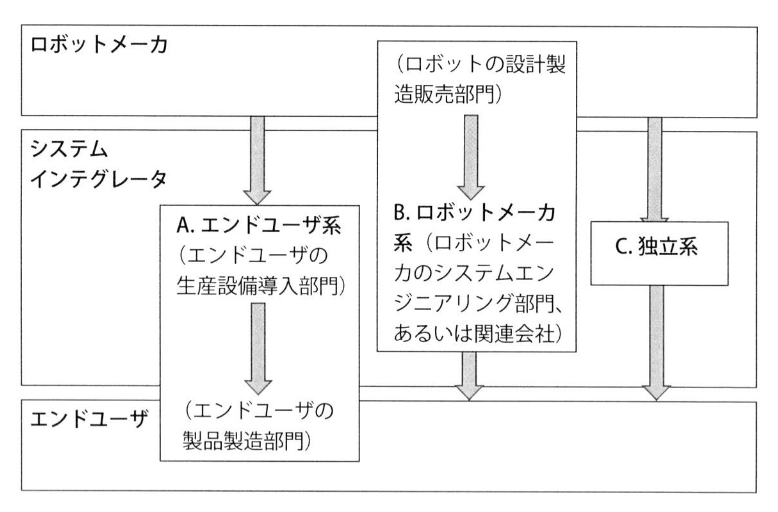

図序-3　システムインテグレータの属性

全対策を講じて初めてロボットを利用した生産システムとして完結します。

ロボットを活用した生産システムの金額としては、たいていはロボット本体以外の方が高額です。たとえば単にワークを置き換えるだけのシステムであれば、ロボット以外に必要な機材は少ないですが、それでもシステム全体の価格はロボットの金額の数倍程度にはなります。ロボット導入効果の高い組立セルシステムでは、ロボット以外に多くの機器やソフトウェアが必要となるため、システムの価格はロボット単価の数十倍に及ぶことがあります。実際には、ロボットに付帯機器を取り付けてシステムにするというより、むしろ生産設備の一部にロボットを採用するという使い方の方が圧倒的に多くなります。

半完結製品の最大の特徴は、システムインテグレーションの巧拙によって生み出される価値が大きく左右される点にあります。同じロボットを使用しても、システム設計の巧拙で完成形の生産システムの能力には大きな差が出ます。

2-2　システムの多様性

2020年に全世界から出荷された産業用ロボットはおよそ42万台です。その半数は従来からの主要適用分野である自動車産業と電機電子産業向けですが、その構成比は徐々に下がり、適用分野の多様化傾向が続いています（**図序-4**）。もともと産業用ロボットは、製造現場でさまざまな作業に使える汎用性の高いマニピュレータとして期待された生産財ですので、適用分野の多様化はロボット産業にとっては望ましいことです。しかし、製造分野ごとにロボットに求める要求仕様は多種多様です。たとえば、自動車部品、食品、半導体製造ではそれぞれ、対象ワーク、使用環境が全く異なりますので、それぞれに必要なロボットの機能や性能は大きく異なります。

まず当然のことながら、システムインテグレータはシステムの多様性に対応する必要があります。多くのシステムインテグレータは、ある程度限定した製造分野に絞り込んでシステム構築の専門性を高めることにより、競争力を獲得しています。ロボットメーカにとっては、どこまで用途に特化するか、どこまで汎用性を高めるか、といった製品企画上の選択は事業展開上重要な判断にな

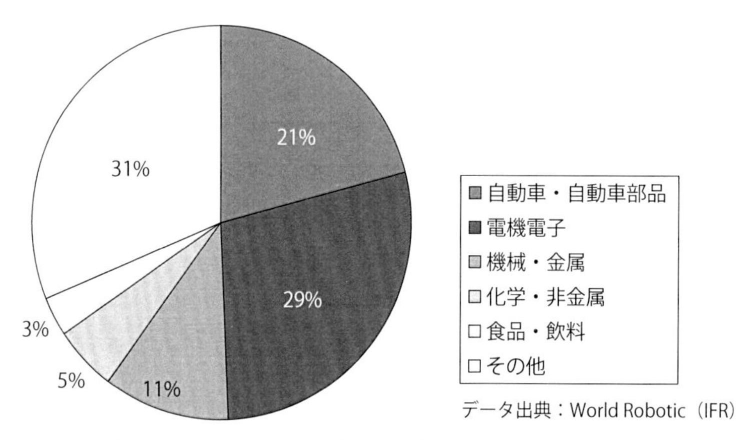

図序-4　全世界出荷ロボットの業種別向け先（2020年）

ります。ロボットメーカ側はシステムインテグレータが得意分野でさまざまなシステム構築ができるように、その分野に応じた専用仕様内での汎用性を追求します。ロボットメーカ各社の製品系列には各社の事業への取り組みスタンスが現れ、それぞれ得意とする分野を中心とした製品を展開しています。また、半導体製造装置用のクリーンロボット、樹脂成形機からの取り出しロボットのように、特定の用途に特化した専業ロボットメーカも存在しています。

生産財の場合は、ユーザの製造現場で稼働開始した後の、保守を含むサービスも大きな競争力となります。必要となるサービスの内容や体制は、製造分野、稼働地域、さらにはユーザの自動化熟練度などにより、多種多様です。緊急時の対応から恒常的な保守、設備のバージョンアップなど、ここでもシステムインテグレータとロボットメーカの分業体制が必要となります。

3　産業用ロボットの価値の変化と本書の構成

産業用ロボットが社会にもたらす価値は製造業における顧客価値です。ロボットが組み込まれた生産システムをユーザが稼働させ、製造業として満足のいく結果が得られることによって価値が認められます。さらにシステムインテグレータにも利益をもたらすことも期待されます。すなわち、産業用ロボットの本来の競争軸は、エンドユーザとシステムインテグレータの顧客価値を高めることにあります。エンドユーザとシステムインテグレータが、よろこんで対価を支払うことによってロボット産業の健全な成長が促されます。

ロボット産業がこれまでたどってきた歴史を振り返ると、おおむね2000年まではロボットの生産機械としての機能や性能の充実に重点が置かれ、それ以降は生産システムの主要機器としての機能とサービスの充実に重点が移っています。当初、さまざまな用途に使える汎用的なマニピュレータを追求する機械産業からスタートしましたが、適用分野の拡大や、グローバル化による地域的広がりに応じて、多様な生産システムを実現するための生産財産業へと進化してきました。そのプロセスを**表序-1**に年代別にまとめました。

普及元年当初の技術的に未成熟な製品は、1980年代、1990年代の要素技術の進歩を取り入れ、先進ユーザに鍛えられることにより生産機械としての完成度を高めていきました[6]。技術的な完成度が高まってくると、生き残ったメーカ間の機能や性能の差は小さくなり、競争軸は本来の顧客価値の実現に向かって生産システムの主要要素としての価値を高める方向に変わっていきました*。

本書では、まず第1章、第2章、第3章で、ロボット産業の質的変化を中心として進化の過程について時系列的に解説します。第1章ではロボット産業の黎明期からロボット普及元年に至るまで、第2章では自動車や電機電子産業に支えられながら生産機械としての完成度を追求した2000年まで、第3章ではロボットの利用分野と世界市場の拡大とともに生産システムの構成要素としての価値を追求した2000年以降のロボット産業について述べます。第4章では、ロボット産業の変遷の背景となった製造業の質的変化とグローバル化についての

＊　ものづくりの経営学における「価値づくり」論では、価値には製品が使用目的に足る機能や性能を実現することにより得られる「機能的価値」と、顧客がそれを使用することにより得られる文脈依存的な「意味的価値」（あるいはサービス価値）の2つの価値概念が提示されています[7]。製品の機能や性能を高めるための開発は重要ですが、製品の成熟とともに差別化は次第に難しくなり、その製品を顧客が使うことにより得られる意味的価値により競争優位が決まるという点に、「価値づくり」論の本質があります。

表序-1　ロボット産業の変遷

	生産機械としての価値向上	生産システム要素としての価値向上	日本のロボット産業の特徴
1980年代（普及元年～バブル崩壊）	・電気機械装置としての充実	↓	・初期成長 ・参入企業過多 ・自動車・電機電子産業を中心とする国内需要拡大
1990年代（～ITバブル崩壊）	・制御性能向上 ・情報処理関連技術の充実	↓	・成長停滞（年間6万台規模） ・輸出拡大傾向（輸出比率18%→30%）
2000年代（～リーマンショック）	↓	・外界センサによる知能化 ・ネットワーク化	・成長停滞（年間8万台規模） ・アジア市場を中心とした輸出拡大（輸出比率→50%）
2010年代（～米中貿易摩擦、感染症禍）	↓	・多様なシステム解に対応する多様な機能、オプションの提供	・年間20万台規模まで急成長 ・中国需要を中心とした輸出依存型産業に変貌（輸出比率→75%）

分析を行います。終章では今後厳しさを増すロボット産業の国際競争において、日本の向かうべき方向についての考察を行ないます。

参考文献

[1] IFR：International Federation of Robotics、World Robotics　2020

[2] 日本ロボット工業会：ロボット産業需給動向（産業用ロボット編）

[3] 日本ロボット工業会編：40年のあゆみ、日本ロボット工業会、2013/12

[4] 日本ロボット工業会編：50年のあゆみ、日本ロボット工業会、2023/3

[5] 小平紀生：「ロボット産業におけるシステムインテグレーション」、ロボット No.243、p3-8、日本ロボット工業会、2018/7

[6] 楠田喜宏：「産業用ロボット技術発展の系統化調査」、国立科学博物館技術の系統化調査報告第4集、2004/3

[7] 延岡健太郎：「製造業における「サービス価値」の創出」、サービソロジー Vol.3,No.3、p.4-11、2016/10

第 1 章

産業用ロボットの黎明期

ロボットの生産財としての起源は1960年代初頭の米国にありますが、生産財として広く普及するまでには、何段階かの技術イノベーションが必要でした。1960年代後半には日本においても米国との技術提携による国産化を皮切りに開発機運が高まり、1970年代を助走期間として1980年のロボット普及元年に至りました。

1　ロボット普及元年に至るまでのロボット産業黎明期

現在の産業用ロボットの起源は、よく知られているように、1954年に出願され1961年に登録された、デボル（George Charles Devol, Jr.）によるプレイバックロボットの特許「プログラム可能な物品搬送装置」（PROGRAMMED ARTICLE TRANSFER）[1]です。この特許には、プログラムに記憶された位置情報を順次読みだして、それに応じて多軸機械の各軸の位置を合わせるようなフィードバックループを構成する基本的な考え方が示されています。その特許の事業化を試みてユニメーション社（Unimation）を設立したのが、後に産業用ロボットの父と言われたエンゲルバーガー（Joseph Frederick Engelberger）で、社名の“Unimation”はデボルの特許文の中で以下のように記載された造語です[1]。

> “Universal automation, or Unimation, is a term that may well characterize the general object of the invention.”

それでは、まずユニメーションの起業から、ロボット普及元年に至るまでの産業用ロボットのプロローグを見ていきましょう。

1-1　ロボット普及元年に至る時代背景

■ 米国発祥の産業用ロボット

1960年代の初頭にユニメーション社から、世界最初の産業用ロボットとなった極座標型5軸の油圧駆動ロボット「ユニメート（Unimate）」が発売されました（**図1-1**）。また、ほぼ同時期にAMF社（American Machine and Foundry）からも円筒座標型5軸の同じく油圧駆動ロボットの「バーサトラン（Versatran）」も発売されています（**図1-2**）。

ユニメート、バーサトランは、ともにティーチングプレイバック型のロボットです。ロボットを手動で操作するティーチング（教示）作業により動作を記憶させ、記憶した通りにプレイバック（再生）する方式です。ティーチングプレイバック（教示再生）方式は、何本か記憶したティーチングデータを切り替

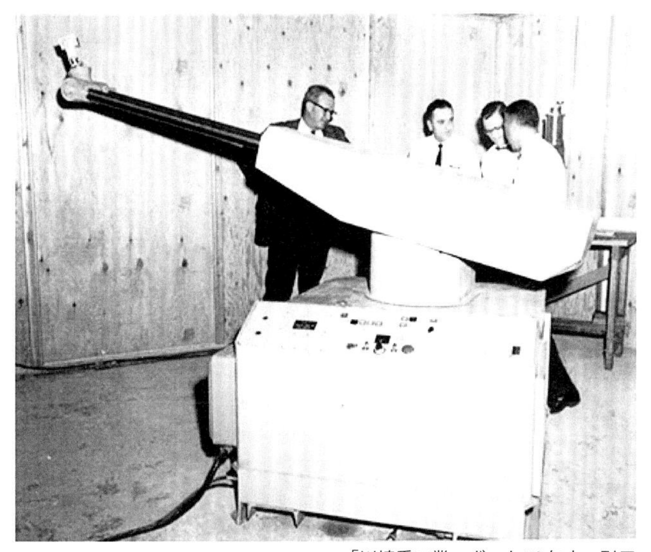

「川崎重工業ロボット50年史」引用

図1-1　デボルやエンゲルバーガーが開発中のユニメート

えることによって、1台のロボットで複数の動作を確実に繰り返すことができるという能力が特徴です。1950年代の米国自動車産業は、世界大戦後の復興中の日本や欧州と異なり、黄金時代と呼ばれて高い世界シェアを獲得し、生産現場は機械化による高い生産能力の獲得に向かっていました。そのため、何種類もの車種に対応できるティーチングプレイバックロボットへの期待は大きかったようです[2]。

ユニメートは極座標型の3軸+手首部2軸の5軸の軸構成です。ティーチングペンダントで手動操作し、所定の位置で記録ボタンを押してその時の位置を磁気ドラムに記憶し、自動運転では記憶したポイントを順次呼び出しその位置にロボットを動かすPTP（Point to Point）プレイバック方式です。記録容量は180点、11.4kgの荷物を0.75m/secで移動することができて、位置決め精度

日本ロボット工業会提供

図1-2　バーサトラン

±1.27mm、本体重量1600kgなどの仕様が公開されています[3]。ユニメートは発売とともにGMのダイカスト工場に試験的に導入されました[4]。以後、1970年にはGMのローズタウン新工場では26台のスポット溶接ラインが構成されるなど、少数ながら実ラインに導入されました[2][4]。

バーサトランは円筒座標型の3軸＋手首部2軸の同じく5軸の油圧駆動ロボットで、各軸の検出器はレゾルバとポテンショメータを用いています。バーサトランはPTPプレイバック方式に加えて、ロボットの手先を直接持って移動する「ダイレクトティーチ」による動作をそのままプレイバックするCP（Continuous Path）方式も採用しています。最大6.5分間の移動操作時に各軸の検出器の情報を磁気テープに連続記憶し、その連続記憶した位置情報をそのままプレイバックする方式です。9kgの荷物を0.914m/secで移動、位置決め精度は±3.17mm、本体重量500kgなどの仕様が公開されています。バーサトランは1968年の時点で全米での稼働が80台とされています。バーサトランは当時の価格で2万〜3万ドルだったようですが、当時は1ドル360円の時代ですので、10kg可搬ロボットでおよそ1000万円と高価なものでした[5][6]。

いずれにせよ米国内でも1960年代後半から、ロボットの実ラインへの適用が始まったようです。しかし、当時のロボットは性能と信頼性の面では満足のいくものではなく*、量産機械化技術も未熟であったため導入効果が十分に発揮できず、ユーザは限定的だったようです。それでもなお、先進的なユーザによる適用努力が進められ、1970年にはシカゴで第一回国際産業用ロボットシンポジウム（ISIR：International Symposium on Robotics）が開催されるなど、社会からの期待も大きくなっていきました。

一方米国の1960年代はさまざまな科学技術が長足の進歩を遂げており、ロボットに関する研究開発もこのころから始まっています。当時は東西冷戦にお

＊　たとえば当時のロボットの速度1m/secは、現在の一般的なロボットの1/10のレベルです。現在のロボットの一般的な性能としては、可搬10kgのロボットでおおむね速度10m/sec、位置繰り返し精度±0.02mm、本体重量100kgの仕様を実現していますので、産業用ロボット登場後半世紀余りで、性能面ではけた違いの進歩を遂げることとなります。

ける技術開発競争が激しく、象徴的なのは宇宙開発でした。1961年4月にソ連の有人宇宙飛行が成功すると、5月には米国でケネディ大統領が「10年以内に人間を月に着陸させ安全に地球に帰還させる」ことを宣言してアポロ計画が始まり、1969年7月にアポロ11号が月面着陸を果たしています。巨額の国家予算を投資したアポロ計画は、その波及効果としてさまざまな機械工学、電気電子工学、情報処理技術の進歩を促進しました。NASA（米国航空宇宙局：National Aeronautics ans Space Administration）のJPL（ジェット推進研究所：Jet Propulsion Laboratory）でも、宇宙開発に関する課題としてロボットに関する研究開発も始めています。さらに1960年代にMIT（マサチューセッツ工科大学）やスタンフォード大学に相次いで設立された人工知能研究所でも、ロボットは格好の研究対象として取り上げられるようになりました。ロボットの初期の研究は、シミュレーションによる機能検証など、当時普及し始めたコンピュータが大いに活用されました*。

1960年代は、産業界におけるティーチングプレイバックロボットの実用トライアルと、コンピュータを活用した学術的なロボットの先行研究が並行して始まった時代でした。

■ 米国を上回る日本の産業用ロボットへの強い期待

1968年に川崎重工業がユニメーション社と技術提携契約を結び、1969年に国産ユニメート1号機が開発されています（**図1-3**）[7]。日本の1960年代後半は製造業を中心とした高度経済成長の絶頂期で、鉄鋼・造船・石油化学などの重化学工業に加え、自動車・電気機器などのハイテク産業が急成長しています。量産指向のハイテク産業の成長は設備投資と雇用の拡大を伴い、重化学工

* アポロ計画がもたらした、汎用のメインフレームコンピュータの普及促進も大きな社会的インパクトとなりました。アポロ計画で採用されたIBM System/360は、完成度の高い汎用メインフレームコンピュータとして、その後の科学技術の進歩に大きく貢献することとなります。汎用のメインフレームコンピュータの普及は情報処理技術の発達を加速し、シミュレーションによる技術検証、CAD（Computer Aided Design）やCAE（Computer Aded Engineering）の実用化促進など、科学技術の研究開発の幅を広げていきました。

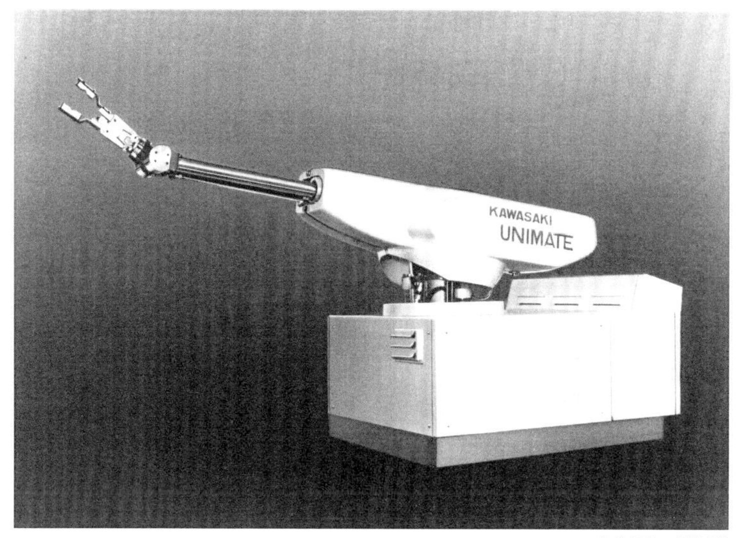

川崎重工業提供

図1-3　川崎ユニメート

業はハイテク産業に対して材料やエネルギー源などの基礎資材を安定供給するという構図となりました。

自動車や電気機器は部品点数も多く製造業としてのすそ野が広いため、これらの市場拡大は他の多くの製造業種にも拡大効果をもたらします。その結果産業全体が活性化され、雇用拡大から国民所得も順調に向上して民間消費も旺盛となり、大衆消費社会が形成されるという非常にポジティブな時代でした[8]。自動車産業と電機電子産業は、製造現場の自動化・省力化が産業競争力に直結する産業です。初期の油圧式産業用ロボットをいち早く採用したのも自動車製造現場で、当時のユニメーションが能力的には多少不満足なものであっても、使いこなそうという意欲は高く、スポット溶接ラインなどに投入され始めています。またユニメーションに触発されて、多くの電機メーカ、機械メーカでは、産業用ロボットの研究開発に着手し始めました。日本の急速な経済成長は、ロボットの活用努力と実用化開発において米国より強い動機となっていたようです。

1960年代の日本は国をあげて高度経済成長を遂げ、経済大国としての国際的な地位を獲得してきました。しかし、1970年代に入ると、円の変動相場制への移行と第一次オイルショックという大きな外的な経済要因の影響を受けました。さらに、先進諸国との貿易摩擦、環境公害の深刻化など、急速な成長と引き変えに、負の側面が顕在化してきました。

1973年に円は変動相場制に変わりました*。その年のうちに270円/＄となり、長く続いた360円/＄と比べて25%のドル安円高となりました。高度経済成長期の輸出品の価格競争力は円の安さに守られていたという側面は否めませんので、変動相場制で日本の国際競争力が先進諸国と対等になったという解釈もできます。

同じく1973年に発生した第一次オイルショックは第四次中東戦争に起因する原油価格の急騰が及ぼした経済事変です**。1974年の実質GDPは戦後初めてのマイナス成長となり、戦後の高度経済成長期はオイルショックにより終焉を迎えました。

原油価格の高騰によって、あらゆる物価が影響を受けました。さらに当時は、1972年から田中内閣による日本列島改造論に起因する物価高騰もすでに始まっていたため、狂乱物価と言われるような急激なインフレになりました。製造業においても消費財や生産財の買い控えによる需要減とエネルギーや材料のコスト急増により、一時的に企業収益は悪化しました。

しかし、日本経済は産業構造の転換と技術革新を進め、パワーによる経済成

---

*　1971年のニクソンショックにより金との兌換ができなくなった米ドルの価値が下がり、1米ドル＝360円の固定レートはいったん308円に引き下げられた後、1973年に変動相場に移行しました。以後円安が進み1990年代初頭には110円レベルに達しましたので、20年で円の対米ドル価値は3倍になりました。

**　第四次中東戦争は、イスラエルとアラブ諸国による国土争奪戦争の一つです。第一次オイルショックは、石油産出国であるアラブ諸国が親イスラエル国に対する原油の禁輸措置と価格の70%引き上げにより発生しました。日本は中立の立場でしたが、親米国として巻き込まれました。これにより、日本国内では1973年の卸売り物価（現在の企業物価）で22.6%、消費者物価で16.1%の上昇率となりました。

長から効率による経済成長に変えて驚異的な速さで立ち直り、1990年代初頭のバブル崩壊まで成長が続く安定成長期に入ります。製造業は、中心的業種をエネルギー消費型の重化学工業から、生産効率重視型の自動車・電機電子などの機械工業への転換を加速し、再び強さを発揮します。

1979年にはイラン革命による原油価格引き上げにより第二次オイルショックが発生しましたが、第一次オイルショック後の経済政策、民間の減量経営や省エネ努力などにより、経済の落ち込みは比較的軽微となりました。ここで重要なのは、オイルショックによる日本経済の転換は物価高騰をきっかけにはしていますが、高度経済成長の結果が環境問題や国際経済問題に現れて、新しい成長局面に転換すべき時期に達したということです。

また1970年代の日本は、電気機械技術、制御技術面で大きな進歩を遂げており、安定成長期の中心となった自動車・電機電子産業などは、製品技術と生産技術の両面で国際競争力を発揮し始めました。

自動車産業においては、原油高騰に起因する燃費改善に加えて、空気汚染に対応するための排気ガス対策といった、社会の要請に応じた技術改革を迫られることとなりました。その一方、高度経済成長の成果としての平均所得向上により、1970年代の圧倒的大多数の国民は「一億総中流」意識を持っていました。そのため乗用車に対する購買意欲も高く、ファミリーカーからスポーツカーまで幅広いニーズに対応して車種数も大幅に増え、自動車メーカは製品技術力と生産技術力を高めながら多品種大量生産を実現していきます。米国市場においては、燃費の良さと、排ガス規制をクリアした日本製小型車がシェアを拡大し始めました*。この後の米国自動車市場は、日米自動車貿易摩擦に向かうこととなります。

1970年代には電気機械系の工業技術に大きな進化が認められます。特に機

---

*　米国では1963年に大気浄化法が制定されていましたが、さらに厳しい排出規制を課した、提案者の名前を冠してマスキー法（Muskie Act）と呼ばれる大気浄化法改正法が1970年に成立しました。日本車としては1972年にホンダのCVCC、1973年にはマツダのロータリーエンジンの改良型がいち早くこれをクリアしています。日本では1973年にマスキー法を継承した排出ガス規制が成立しています。

械制御技術、電子化技術の進歩が著しく、あらゆる民生機器、産業機械が半導体と情報処理技術によってエレクトロニクス製品化、メカトロニクス製品化し始めました。日本の総合電機メーカ、情報通信機器メーカ、家電メーカは、いち早くこの流れに乗り、高性能で品質が高く安価でコンパクトな日本製品を産み出すこととなります。安定成長の原動力となったのは、企業系経営の合理化努力と技術革新ですので、1970年代を経て1980年が製造現場の自動化を担う産業用ロボットの普及元年となったことは、非常に象徴的なことです。

日本の産業用ロボットの黎明期を支えた初期の自動車産業

戦前戦中から自動車は有力な輸送手段ですが、公共輸送手段あるいは業務用輸送手段としての使い方が大多数でした。自家用乗用車としてはごく限られた富裕層が所有するのみで、一般家庭が保有する移動手段ではありませんでした。

戦後の産業復興がある程度進んだ1955年に、通商産業省（現：経済産業省）から国産自動車技術を前提とする「国民車育成要綱案」が発表されました。これは政府が提示した国民車としての仕様を満足する試作ができたら、国がその製造・販売を全面的に支援するという構想で、産業振興と国民生活の向上を目的とした政策でした。

当時の四輪自動車は年間7万台に満たない生産台数です。そのうち乗用車は2万台程度という微々たる生産量で、トラックやバスの方が多く生産されていました。国が提示したのは、4人乗りで最高100km/h、ガソリン1リッターで30km走行、排気量350～500cc、10万km以上の走行距離でも大きな修理を必要としないなどの仕様と、月産3000台が必要で販売価格が25万円以下という条件でした。当時の25万円は消費者物価指数から換算すると、今の価格でおよそ150万円ほどに相当しますが、当時の自動車業界ではこれは無理ということで、結局、国策による国民車は誕生しませんでした[9]。

しかしその後、この仕様に準じた大衆車の開発に弾みがつきました。1960年代には大衆乗用車の発売が相次ぎ、1960年代半ばの東京オリンピックのころには、排気量1000～1500ccの大衆車が当時の新車価格70万円レベルで購入できるようになりました。1965年の70万円は今の価格で350万円ほどですので、一般家庭でも手が届くところまで来ました。

さらに名神高速道路（1965年全線開通）、東名高速道路（1969年全線開通）など交通インフラの整備も進み、自動車の市場急拡大、国内での生産量急増となりました。1965年の四輪自動車（乗用車、バス、トラックを含む）の生産台数は190万台で、そのうち乗用車は70万台です。1970年には四輪自動車の生産台数は530万台と2.8倍になりましたが、そのうち乗用車は318万台と4.6倍になり、自動車生産は乗用車中心に変わっていきました。なお、2019年の四輪自動車の国内生産台数は970万台、乗用車は830万台ですので、1970年からはそれぞれ1.8倍、2.6倍になります。

自動車産業ではまず1960年代に量産に関する基礎基盤が確立されています。1960年代の製造現場では、生産管理、品質管理、加工機の自動化、工場内物流の合理化など、量産に不可欠な生産技術の導入が進められました。トヨタ自動車のかんばん方式や当時まだ高価であった計算機による生産管理などは、1960年代に導入されています。

1-2　ロボット普及元年に至る技術背景

■ 1970年代のロボット

1970年には日本国内での産業用ロボットへの取り組みは盛り上がり、多くの機械メーカで何らかの産業用ロボットの製品化トライアルが始まっています。専用機的な自動機械を設計製造できる機械メーカはすでに多く存在していましたので、初期の繰り返し作業を目的としたロボットの開発は、日本企業にとっては取り組みやすく魅力的な課題でした。たとえば現在でも産業用ロボットの用途として確立されている、直交型の樹脂成形機からの取り出しロボットは早くから開発されたロボットで、1970年代初期から販売開始されていました。一方ユーザ側でも、生産能力の拡大を求められていた自動車工場では、高い期待と導入意欲により、スポット溶接や加工機械へのワークローディングなどのロボット化のトライアルも始まりました。

1970年代に入り電動サーボ技術の進化を得て、油圧駆動型より扱いやすく安価な電動型ロボットの製品化が競って進められ、日欧米各国から各社各様のロボットが公開されました。現在最も普及している電動型垂直関節型ロボットの原型となったロボットは、1973年に発表されたスウェーデンのASEA社（現在はABB）のIRB 6と言われています（**図1-4**）。1975年のシカゴ開催の産業用ロボットシンポジウムの併設展示会には実機が出展されましたが、可搬質量6kgの5軸ロボットで、ごく初期のマイクロプロセッサを搭載し、初期の電動サーボ機構を採用した非常に意欲的な開発だったようです。これを機に電動型多関節型ロボットの製品化競争が始まり、5年後のロボット普及元年への大きな動きとなりました。IRB 6が採用した電動型垂直関節型ロボットは、人の腕に近い動きができて使い勝手が良く、電動サーボに向いた回転軸の組み合わせで構成できるロボットアームとしてはごく自然でシンプルな型式です。現在世界で毎年出荷されている産業用ロボットのおよそ70%がこの型式です。

日本国内における産業用ロボットの業界活動は、1970年に油圧工業会に設

ABB提供

図1-4　IRB 6

置されたロボット委員会から始まりました。この年に油圧・空圧自動機器工業会と日本工業新聞社の共催で、産業用ロボット展と産業ロボット講演会が開催されました。1971年3月に有志30社あまりが集結して、任意団体として産業用ロボット懇談会が設立されました。1972年10月に日本産業用ロボット工業会に改名し、1973年10月に社団法人日本産業用ロボット工業会が設立されました*。日本産業用ロボット工業会が発足した翌年の1974年には、日刊工業新聞社との共催で'74国際産業用ロボット見本市が開催されました（**図1-5**）**。

＊　社団法人日本産業用ロボット工業会（JIRA：Japan Industrial Robot Association）は、1994年6月に産業用以外への展開も見据えて社団法人日本ロボット工業会（JARA：Japan Robot Association）に改名されました。さらに2012年4月1日に、公益法人制度改革による新制度により一般社団法人日本ロボット工業会となり、現在に至っています。

＊＊　1970年、1971年に油圧工業会、空気圧工業会、日本工業新聞社の共催で産業用ロボット展と銘打って、第1回、第2回が東京晴海の見本市会場で開催され、輸入品や初期の国産ロボットが展示されました。現在の国際ロボット展に続く流れとしては、ロボット工業会設立後の1974年に、日本産業用ロボット工業会と日刊工業新聞社の共催で開催された国際産業用ロボット見本市が、第1回に相当します。

日刊工業新聞社提供

図1-5　1974年の国際産業用ロボット見本市

これに併せて、すでに米国で2回、スイスで1回開催されていた国際産業用ロボットシンポジウムの第4回も東京で同時開催となりました。展示会は晴海埠頭にあった見本市会場の1館のみを使った25社あまりによる小規模なものでしたが、日本のロボット産業のスタートを象徴するイベントとなりました。その後、製品としてのロボットを発表してロボットメーカとして名乗りを上げる企業が相次いで現れ、各社各様のロボットビジネスが始まり、日本のロボット産業が形作られていきます。

■ 生産機械を構成するロボット関連技術の進歩

1970年代の工業技術の進歩は産業用ロボットの実用化を加速し、1980年の普及元年に至ることになります。実用化を加速した技術背景は、ティーチングプレイバックがプログラマブルになったこと、コンパクトで安価な使いやすい電動型になったこと、機械要素部品が生産財として必要な高い信頼性を得たこ

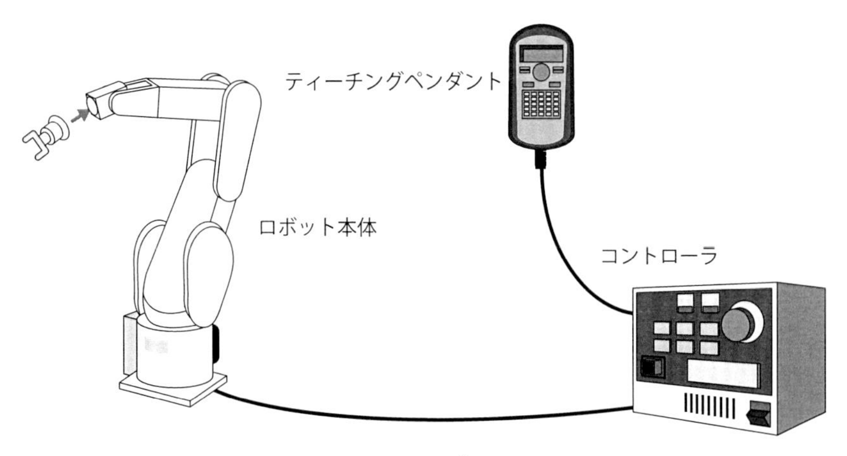

図1-6　産業用ロボットの構成

との3点です。

・産業用ロボットの基本的な構成

産業用ロボットの基本的な構成要素は、機械としてのロボット本体とそれを制御するコントローラです（**図1-6**）。電動型垂直関節ロボットの場合、機械本体は旋回する胴体ベースの上に肩や肘に相当する関節軸と、先端の手首に相当する回転軸が連なる構造となっており、各軸の回転の合成で先端部を動作させます。各関節軸は、駆動源のサーボモータ、回転の変位や速度を検出するエンコーダなどの検出器、サーボモータの高速回転をロボットアームの旋回速度まで減速する減速機と回転軸を支える軸受が主要な機械構成要素です。

コントローラは、操作パネルとロボット本体や外部機器との接続用コネクタを備えた筐体の中に、ロボットを制御するハードウェアとしてマイクロプロセッサなどの情報処理系や外部とのインターフェース系で構成されるロボットの動作指令生成実行部、駆動源への供給動力を制御するサーボドライバ部が収容されており、手動操作用のティーチングペンダントを備えています。

これら個々の構成要素技術はロボット産業の発展とともに大きく進歩を遂げていますが、基本構成は市場の黎明期から現在まで大きくは変わっていません。

・マイクロプロセッサの登場

産業用ロボットを生産財として適用する可能性を広げた最大の技術進歩は、コントローラの動作指令部にマイクロプロセッサが使えるようになったことです。1970年代初頭の産業用ロボットはコンピュータを搭載していないティーチングプレイバック型でしたが、教えた動作をそのまま繰り返す能力しかなく、多様化する生産現場への設備投資としては不十分でした。

1970年代には研究室や設計室などで使える小型のミニコン（ミニコンピュータ）が普及し始めましたので、ミニコンを動作指令生成実行部としてロボットをプログラマブル化する研究開発も行われています。ミニコンといっても、家庭用大型冷蔵庫くらいの大きさのものです。機械の制御装置としては高価で、製造現場に広く適用できる代物ではありませんでしたが、大学や企業の研究室ではミニコンを活用したロボットのさまざまな制御の研究が盛んになりました。冗長自由度アームの制御、ビジョンセンサを用いた外界認識機能、柔軟アームの動特性補償、組立作業のプランニングなど、1970年代には、現在でも課題となっている諸問題への取り組みも盛んに進められていました[10]。

ミニコンを流用して機械のコントローラとするのではとても実用的なコストには収まりませんでしたが、コンピュータの演算処理部をLSI化したマイクロプロセッサの登場は実用化の可能性を一気に高めました。

広く知られている最初のマイクロプロセッサは、インテルから1971年に発表され電卓に搭載された4bitCPUのi4004です。1960年代にはさまざまな論理演算用のICや半導体メモリーの集積化が進みましたので、これらを組み合わせた演算能力をワンチップに仕上げることは自然の流れともいえます。1972年にはインテルから8bitCPUのi8008が発表されます。産業用途として本格的に使われ始めたのは、1974年に発表されたi8080と、その改良版で1976年発表のi8085です。さらに8bitCPUとしては、モトローラから1974年にMC6800、ザイログから1976年にZ80などが次々発表されました[11]。

CPUを搭載することにより、その製品の機能や性能はハードウェア設計ではなく、ソフトウェアによって作りこむことが可能になり、製品企画の自由度が圧倒的に拡大します。そのため、機械メーカや電機機器メーカ各社では、さまざまな製品に8bitCPUを搭載してプログラマブル化する開発が1970年代半ばから一斉に始まりました。それまでのソフトウェアはコンピュータを利用するための特別な技術でしたが、これを境にさまざまな機能を実現する技術として一気に身近なものになりました。

ソフトウェアには、大まかにはシステムソフトウェアとユーザソフトウェアの2階層があります。まず、製品開発者が基本的な機器の機能や性能を引き出すために最初から製品に組み込む、オペレーティング・システム（OS）、ファームウェア、ミドルウェアなどと言われるのがシステムソフトウェアです。次に、製品の利用者が自分の要望に合わせて製品をカスタマイズするために、準備されたツールを使って作りこむのがユーザソフトウェア（あるいはアプリケーションソフトウェア）です（**図1-7**）。

それまでのコンピュータシステムは、専門家が作り上げるシステムソフトウェアの上で、利用者が計算や制御のために作成したユーザソフトウェアを走らせて結果を得るという使い方でした。さまざまな機器にCPUを採用するためには、各機器メーカにシステムソフトウェアの開発能力が必要になります。たとえば、ロボットコントローラのソフトウェア開発では、機械の制御や入出

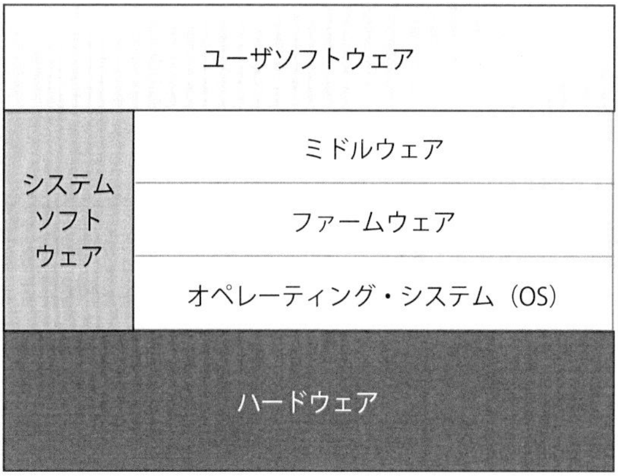

図1-7　ソフトウェアの階層

力信号処理を行い、ユーザソフトウェアが使えるようにするためのシステムソフトウェアを開発することになります。そのため、各機器メーカでは、大量のソフトウェアエンジニアを養成し、ソフトウェア技術を社内に蓄積する体制を整備する必要にせまられました。各社のソフトウェア開発能力の優劣は、その後の製品競争力を大きく左右するようになります。

機器のユーザは、機器メーカが準備したシステムソフトウェアの上で、自分の使用目的に合わせて機器を使うために、カスタムなユーザソフトウェアを作成することになります。

ユーザソフトウェアによるカスタマイズの程度は機器によってさまざまです。一般的な製品では、ユーザソフトウェアというよりはいくつかのパラメータ設定を開放する程度の方が使い勝手が良くなります。産業用ロボットの場合は、基本的にはユーザごとに目的に沿ったプログラムを作成できるようにロボット言語を準備する方向に向かいます。ただし非力な8bitCPUを採用した初期のロボットでは、システムソフトウェアとしても割り込みベースの簡易なスケジューラからスタートしていますので、ロボット言語というよりはティーチングデータを呼び出してつなげる程度のものでした。

・電動サーボ技術の進歩

ロボットの動作は、各軸の頻繁な正逆回転の切替や急加速と急減速の連続になりますので、駆動系には単に大きなパワーが出せるというだけではなく高速な応答性能が要求されます。また、駆動系は機械の中に組み込めれば駆動伝達部品も少なくシンプルな機械に仕上がるためアクチュエータが小型であること、さらにアクチュエータ自身が駆動の負荷になるため軽量であることが理想です。そのためメンテナンスが容易で工場電源だけで動かせる電動サーボへの期待は大きかったのですが、1960年代の電動サーボモータは産業機械を動かすには非力なため、結局、油圧駆動に頼らざるを得ませんでした。しかし、1970年代に入ってから、サーボモータやその制御システムに関する、材料、センサ、制御技術、製造に関する大きな技術進歩が始まりました。

サーボモータを小型軽量でハイパワーにするためには磁石、巻線、鉄心などの材料や生産技術の進歩と、電力駆動のためのパワーエレクトロニクス、具体的にはパワーデバイスや電力制御技術の進歩が必要です。サーボモータの構造例を**図1-8**に示します。サーボモータの回転力は回転子側、固定子側の磁石の力が作り出しますので、使用する永久磁石と電磁石の性能向上がポイントになります。

まず永久磁石について、1960年代に一般的なモータに使われていたのは安価なフェライト磁石でした。1970年代に入りフェライト磁石に対して格段に強力な希土類磁石のサマリウムコバルト磁石が実用化され、これにより小型で強力なサーボモータが実現し、産業機械の電動化が始まりました。

1970年代から1980年代半ばまでは制御のしやすいDCサーボモータが普及し、電動ロボットもDCサーボモータの採用から始まりました。ただし当時のDCサーボモータは、アームの中に組み込めるほど小型軽量ではありませんでした。そのためロボットの機構としては、IRB 6型にもみられるように、モータ類をロボットの根元に配置しボールねじでアームを駆動するような工夫が必要でした。その後希土類磁石の発達によりサーボモータはDCサーボモータからACサーボモータに変わってさらに小型強力化し、ロボットの構造もシンプルになっていきます。

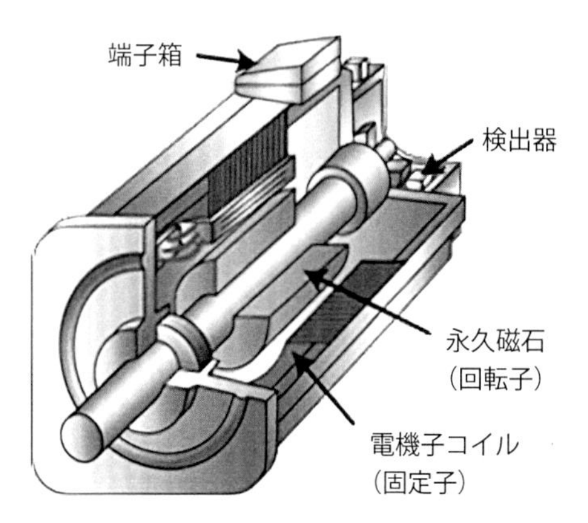

三菱電機提供

図1-8　同期型ACサーボモータ

電磁石の方は、巻線技術により性能が大きく左右されます。いかに高密度の巻線を鉄心に装着するかという点がポイントになりますので、製造技術課題と捉えてもいいでしょう。古くは手巻きのコイルを鉄心のティースに一つずつ手装着していましたが、1960年代後半から1970年代にかけて巻線を鉄心に装着するインサータや、その巻線を製造する巻線機などの専用機が開発されることにより巻線作業の自動化が始まり、安価に高密度の巻線が得られるようになりました。巻線技術もその後鉄心の構造や巻線機構の発達により進化しています。

サーボモータのフィードバック制御を構成するための代表的なセンサである、光学式インクリメンタルエンコーダの実用化も1970年代に起こりました。1960年代のロボットは各軸の位置と速度の検出器として、レゾルバやタコメータジェネレータ、ポテンショメータなどのアナログ検出器を使っていました。光学式エンコーダは、電磁誘導原理によるアナログ式のレゾルバと異なり、回転に応じたパルス信号を出力するディジタル仕様の製品です。1970年代は半導体による集積回路の大規模化が進んだ時代で、さまざまな大規模集積回路がさまざまな製品で使用されはじめました。電子機器技術の主役がアナログ信号処理からディジタル情報処理に変わる過渡期で、回転検出センサ類についても安価で小型のディジタル化製品が使えるようになりました。

・パワーエレクトロニクスの進歩

サーボモータの回転方向や回転速度などを思いのままに動かすためにモータの駆動電力を制御する技術、パワーエレクトロニクスについても1970年代に大きな動きがありました。

サーボモータを加速減速、逆回転、定速回転など思いのままに動かそうとすると、モータの駆動電力を目的に応じて制御する必要があります。一定電圧で供給される電力を切り取ったり組み合わせたりする加工により駆動電力を作り出すことになりますが、入力電力を高速にオンオフして必要な電力を切り出すことができるスイッチングデバイスが必要です。

モータ制御に使用できる半導体スイッチングデバイスとして、1950年代後半に実用化されたのがサイリスタです。pn接合のダイオード、pnp接合のトランジスタ、これに一層加えたpnpn接合のサイリスタと基本構造はシンプルです。それ以前にも、たとえば電気機関車などで必要となる、高い周波数で高電力大電流のスイッチング制御は重要技術で、整流やスイッチングには、従来は電子管型の部品が使われていました。

電子管型の部品がサイリスタに変わることで安価でコンパクトな半導体デバイスで実現でき、電力制御が民生品や産業機器など幅広く実現できる時代の到来となりました。当初のサイリスタは転流回路といわれる付加回路が必要で、構成が複雑になったり余計な損失が発生したりするので必ずしも使いやすいデバイスではありませんでしたが、その後半導体パワーデバイスの研究開発が急速に進みました。

1970年代には転流回路のいらないGTO（ゲートターンオフサイリスタ）、トランジスタの高耐圧化によりパワーデバイスとして使えるようになったバイポーラパワートランジスタ、さらに高速なスイッチング特性を持つMOSFETパワートランジスタなど、用途に応じて使い分けられるパワーエレクトロニクスデバイスの基本形が揃いました[12]。

モータの駆動電力を制御するために、これらのスイッチングデバイスを使って思いのままの電力を作り出すPWM（パルス幅変調）方式も同時に確立されています。直流定電圧電源から、思いのままの電圧を作り出したり、思いのままの交流を作り出すのがスイッチングデバイスの役割ですが、これも半導体製造技術の成果です。このようにして、1970年代の電気・電子系技術の進化により産業機械の電動化のための技術基盤が確立していきました。

・機構部品の進歩

たとえばアーム長1mのロボットで、10kgのワークを毎秒1個のスピードで1mの距離のピック＆プレースを繰り返す作業を想定すると、ロボットアームの動作は数10r.p.m.で100N·mほどの能力が必要になります。これを電動型ロボットで実現しようとすると、一般的なサーボモータは数1000r.p.mの回転速度で定格トルク数N·m〜数10N·mの仕様なので、1/100クラスの大きな減速比の減速機が必要になります。

電動型ロボットに使える減速機の1970年代の状況についても見てみましょう。現在ロボットで多用されている減速機には、サイクロイド系と波動歯車系があります。いずれも原理的には遊星歯車機構で、入力軸と出力軸が同軸上に配置できてバックラッシュを極限まで抑えることが可能で、大きな減速比が得られることが特徴です（**図1-9**）[13]。これらは産業用ロボットの関節部をコンパクトに仕上げ、高速回転で安定したトルクが出るサーボモータを使用するためには必須の仕様です。負荷の大きな軸にはサイクロイド減速機、手首軸や軽可搬ロボットには波動歯車減速機が使われています。具体的には、サイクロイド系はサイクロ減速機（住友重機）、RV減速機（ナブテスコ）、波動歯車系はハーモニックドライブ（ハーモニック・ドライブ・システムズ）が産業用ロボットには多く使われてきました[14]。

ロボットなどの産業機械への適用を目的としたRV減速機が登場したのは普及元年以後の1980年代ですが、最も歴史の長いサイクロ減速機は1931年にドイツで生産が始められ、1939年に国内生産が始まっています。その後改良がくわえられ、本格量産は1960年代に始まりました。1970年代には小型で性能を追求した製品が生産されており、これが初期のロボットに採用されています[15][16]。

ハーモニックドライブの原理は1955年に発明されていますが、日本での生産開始は1965年です。いずれにせよ、1970年代に電動サーボに適した大減速比で、アームに実装しやすいコンパクトな減速機も手に入るようになりました[17]。

以上が、1980年のロボット普及元年に至る1970年代の姿です。社会的にはオイルショックを機に製造業が投資拡大から効率重視へ転換したこと。技術的にはアナログの時代からディジタルの時代に代わり、電動サーボや機構部品の進歩とあいまってコンパクトでプログラマブルな精密機械が作れるようになったこと。その双方の流れから電動型の産業用ロボットの普及拡大に至ったのは必然のように思われます。1980年は、産業用ロボットに限らず製造現場のあらゆる機械の小型プログラマブル化が始まり自動化が本格化したという年で、むしろ自動化本格化元年と言うべきなのかもしれません。

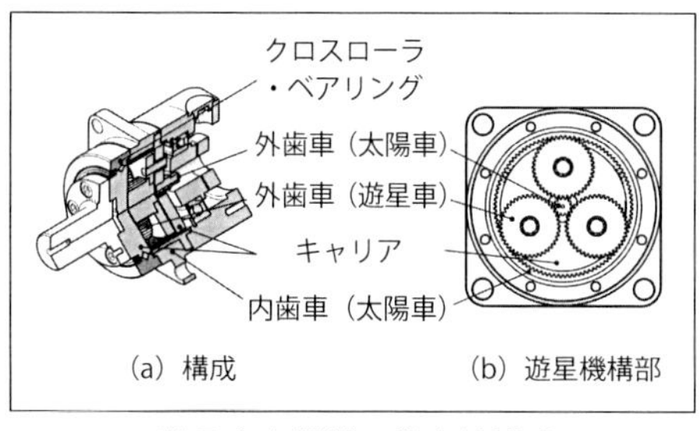

遊星歯車機構の代表的構成

遊星歯車機構のメカニズム

外歯車（太陽車）が高速回転すると、外歯車（遊星車）が、自転しながら固定されている内歯車（太陽車）との間で公転する。高速回転する入力軸から、自転と公転を組み合わせた何らかの遊星機構により減速された回転となる公転を出力として、クランクシャフトや自在接手機構などで取り出す。サイクロイド減速機、波動歯車減速機とも、実現している構造は異なるが、原理的には遊星歯車機構である。

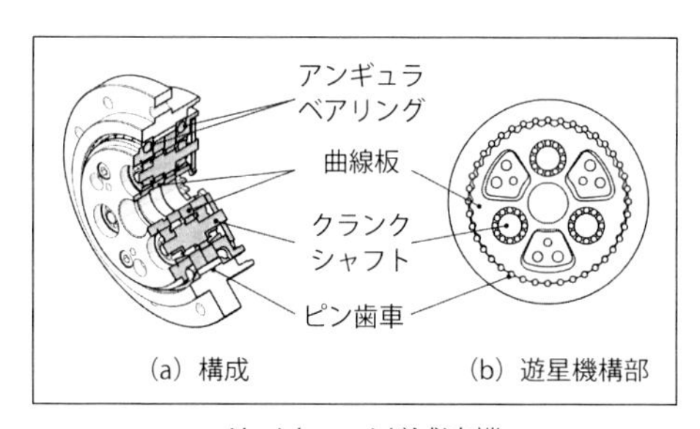

サイクロイド減速機

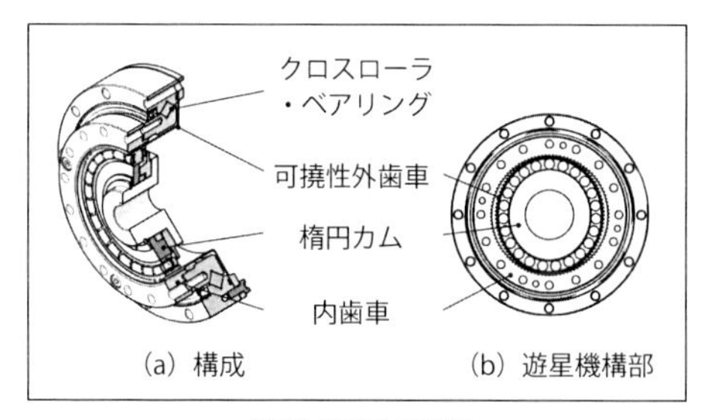

波動歯車減速機

図：ハーモニック・ドライブ・システムズ提供

図1-9　ロボットに使われる減速機の機構

2 ロボット普及元年の景色

日本産業用ロボット工業会の機関誌「ロボット」の1980年7月号では、当時の工業会長の巻頭言に「産業用ロボット“普及元年”を迎えて」というタイトルがつけられています。この年のロボット出荷台数はおよそ4500台で、現在の1/50ほどのささやかな規模であるものの、生産の道具としての電動型ロボットが製造現場に普及拡大する息吹を確実に感じたのだと思います。まずは、ロボット普及元年の前後に起きた市場や技術の様子について解説します。

2-1 1979年の国際ロボット展

ロボット工業会と日刊工業新聞社の共催による国際ロボット展は、ロボット工業会設立からロボット普及元年までの間に3度開催されています。1974年に26社、1977年に40社、1979年に30社が出展しました。1974年の展示会は固定シーケンスの専用機や部品の展示がほとんどでしたが[18]、1977年の展示会ではマイクロプロセッサを搭載した国産の多自由度ロボットの展示が目立ち始めます[19]。この時点では、まだ販売実績に結び付いていない試作レベルの製品がほとんどでしたが、1979年の展示会では、販売実績が上がり始めた外販製品が並びました（**図1-10**）[20]。

1979年の産業用ロボット展では、ロボット普及元年前夜にふさわしく、その後日本の産業の発展に寄与する製品も展示されました。

塗装用途と溶接用途のロボットは複数のロボットメーカによる競演になりました。塗装は、不二越、三菱重工、トキコ（現在は日立製作所に吸収）、神戸製鋼所、日立製作所など、溶接は安川電機、新明和工業、東芝精機（現在は芝浦メカトロニクス）などが出展しました。塗装用途や溶接用途のロボットが注目されたのは、塗装はロボットとスプレーガン、溶接はロボットと溶接機というシンプルな組み合わせであったためです。組み立て用途のロボットなどと異なり周辺のシステムエンジニアリング負荷が小さく、ロボットメーカが単独で

NC旋盤・単能盤用
自動供給装置
R-20
水野鉄工株式会社

21世紀の扉を開け!!
GYMNAR
〈ジムナー〉
電元社製作所

人間の上半身が、ロボットになった!
川崎ユニメート500形
ピューマ
川崎重工

省空間 立体塗装
NACHI
産業用ロボット ユニマン
UNIMAN
5000シリーズ
NACHI
不二越

アーク溶接の技術がワークのすみずみまで生かせます。!!
'79産業用ロボット展
全電気式アーク溶接用ロボット
Motoman-L
安川商事

産業用ロボットのエース
'79産業用ロボット展あす開幕
'79搬送システム・ショウ
出品会社と主な製品
幅広く進む実用化
世界トップの技術を展示
効率化に貢献、導入を促進

KOBELCO TRALLFA ROBOT
機械気質の熟練工。
神戸製鋼

機械加工の無人化システムをつくる
FANUC ROBOT series
CNC工作機械に蝶のように取付けて使用するロボット(蝶ロボット)
FANUC ROBOT-MODEL 0
FANUC TAPE CUT-MODEL
FANUC ROBOT MODEL 1
FANUC SYSTEM P-MODEL

元田電子の労働ロボット群。
アレ・ロボット
ワイマン
アンプマン
日本ロボット工業株式会社
元田電子工業株式会社

日刊工業新聞社提供

図1-10　1979年の国際ロボット展に合わせた、新聞の広告特集（1979年10月19日）

取り組みやすいということが背景にありました。

アーク溶接用途のロボットでは、その後自動車のアーク溶接用途開拓に貢献した電動型垂直関節型5軸のMotoman-L10が登場しています（**図1-11**）。1977年の初号機納入を皮切りとして自動車メーカを中心に採用が促進されたようで、1979年のロボット展会場でようやく有用性が認められ販売台数が伸び始めたというコメントが残っています[21]。

ファナック（当時の社名は富士通ファナック）電動型円筒座標5軸のFANUC ROBOT MODEL1による加工機械へのワーク供給をシステムで展示しています（**図1-12**）。これは同社の初期の製品で、その後GMと合弁会社を設立するきっかけとなりました[22]。

組み立て用途のロボットではユニメーションと技術提携していた川崎重工業の「PUMA」が出展されています（**図1-13**）。PUMAはユニメーション社が

安川電機提供

図1-11　Motoman-L10

1977年に開発した、可搬質量2.5kgの垂直関節型6軸のロボットです。これはGMの生産技術研究所から要求をうけ、その仕様を満足する組立用ロボットとして開発されました。初期のPUMAは産業用ロボットとしては非力であったため広く普及するには至らなかったものの、その後の垂直関節型の小型組立ロボットの参考となる多くの要素を備えていました。

PUMAがその後のロボット業界に影響を与えた技術要素はロボット言語VAL（Variable Assembly Language）です。ロボットに動作を指示する方法は、1970年代までのロボットではティーチングプレイバック方式が主流でした。しかしPUMAはロボット言語によるプログラムベースの本格的な産業用ロボットの姿を見せてくれました。

ティーチングプレイバックは、文字通り教示した動作をそのまま繰り返すという方式です。塗装やアーク溶接のように、動作経路が重要視される用途とは比較的相性が良いのですが、組み立てなどの作業順序をシーケンス制御する場合や外部センサの入力に応じた作業などには向きません。プログラムベースの

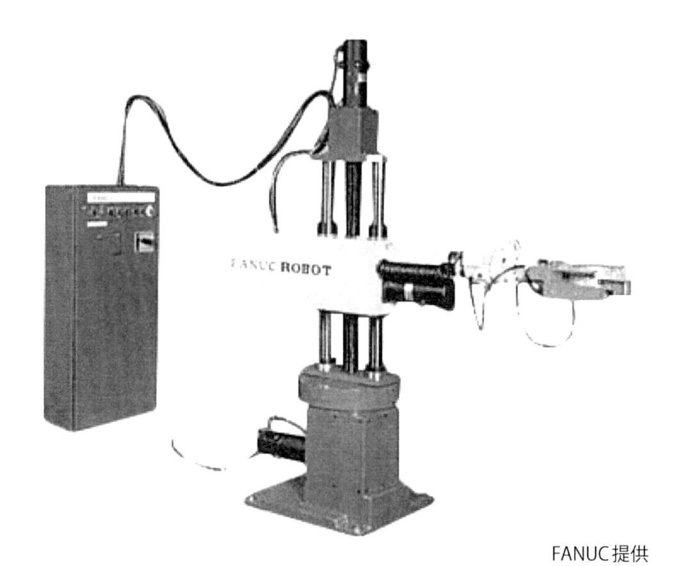

FANUC提供

図1-12　FANUC ROBOT MODEL1

川崎重工業提供

図1-13　川崎PUMA

ロボットを実現するためには、テキストや特殊なステートメントで書かれたプログラムからロボットの動作コードを作り出し、実行させるような機能が必要です。マイクロプロセッサの実用化により、これが可能になりました。

日本のロボット産業トップメーカの開発事始め

1970年代、ロボットメーカ各社ではそれぞれ特有の開発物語が始まっています。機械メーカの川崎重工業と不二越は、油圧駆動型で1970年代初頭からロボットの製品化を進めていました。一方、電気機器メーカのファナックと安川電機は、保有するモータやNC技術により電動型で製品開発を進めています。

川崎重工業と不二越も1970年代末には主力機種を電動型に切り替えて、電動型が産業用ロボットの主力製品になりました。ただし、電動サーボ技術が発展途上だったため、電動型グループも立ち上がり時には大変苦労をしています。現在トップメーカのファナックと安川電機は、偶然にも両社とも1976年に、その後の事業に大きな影響を与えた電動型ロボットの開発が行われています。

ファナックのロボット事業の起源は、工作機械へのワークローダでした。まずユーザとして、1974年に自社工場のモータ部品加工機への部品供給を自動化するために川崎ユニメート（川崎重工業が米国ユニメーション社から技術導入して製造）を導入しました。このロボット導入は、ファナックが当時推進していた、複数の工作機械を効率よく運用するための群管理システムの一環として行われたものでした。その後、自社で電動型ロボットの開発に着手することになるのは、サーボモータとNC制御装置を主力製品とするファナックとしては、ごく自然の成り行きでした。

そしていよいよ1976年に、富士電機、山武ハネウェル（現：アズビル）の協力を得てNC工作機械へのワーク着脱用に、円筒座標型の電動ロボットが開発されました。次いで1977年には、ファナック単独で電動3軸の円筒座標型ロボット「FANUC ROBOT MODEL1」を完成させました。ファナックは、工作機械へのワークローダに特化し、当時としては機構的に信頼性の高いボールねじなどを用い、コストダウンのために1台のサーボアンプを切り替えて駆動する円筒座標型のロボットを主力製品としてスタートしています。さらに1979年には同機種をモータ組立にも適用し、用途を広げ始めています。この「FANUC ROBOT MODEL1」のコストパフォーマンスが米国のGMの目にとまり、後にファナックロボットビジネス成長の起爆剤となる合弁会社、GMFanucに結び付きます。

安川電機は、1960年代から自社のモータビジネスの一環として、固定シーケンス制御のオートローダを中心とした電動自動化システムの受注生産販売を手掛けていました。高度経済成長期が終わり社会が効率を重視するようになるころから、受注生産の自動機ビジネスから脱却するために汎用のマニピュレータの開発に向かったのもごく自然の成り行きでした。

1974年の国際ロボット展にはプレイバック電動制御円筒座標型の初代「MOTOMAN」の展示にこぎつけましたが、なかなか受注に至りません。当時の機械は油圧駆動が一般的で、電動型が優勢になるまであとわずかな期間が必要でした。そこで1976年に、将来に向けて主力製品になりうる多関節型産業用ロボットの製品開発プロジェクトがスタートしました。ここで開発されたのが、アーク溶接を主たる用途とした垂直多関節型5軸「MOTOMAN-L10」です。翌1977年に大分の自動車部品メーカでシーリング、アーク溶接用に採用されたのを皮切りに出荷が拡大し、初期のアーク溶接用ロボットを代表する機種となりました。なお、FANUC ROBOT MODEL1およびMOTOMAN-L10は国立科学博物館の科学技術史資料データベースに、またMOTOMAN-L10は日本機械学会が認定する機械遺産第76号として登録されています。

2-2 ロボット言語事始め

基本的に、現在の産業用ロボットはロボット言語によるプログラムを実行することで、目的とする作業を実現しています。もともと、ロボットの複雑な作業をテキストベースのロボット言語だけでプログラミングすることは非常に難しい作業です。そのため最近のロボットでは実用性を重視し、ロボット言語自体はBASICのような簡単な言語体系として、シミュレーションや対話型のプログラミングツールと組み合わせたプログラミングシステムの充実がはかられています。

産業用ロボットの普及に先立ち、1970年代のミニコンの時代、大学や企業の研究機関ではロボット言語を、自動機械を思い通りに動かすために必要な命令体系という研究対象として捉えていました。

当時のロボット言語研究は、作業記述や外界センサ情報を積極的に取り込んだ知的動作記述など、むしろ人工知能課題の一環としてロボットのインテリジェント化実証試験のための研究でした。インテリジェント化研究の成果は、その後すぐに実用に供することはありませんでしたが、産業用のロボット言語、プログラミングシステム、ビジョンセンサや力覚センサの活用などの源流ともなっています。

インテリジェント化研究のための言語の代表例は、1974年に発表され、1977年に言語マニュアルが公開されたスタンフォード大学AIラボのロボット言語ALです。当時のスタンフォード大学では、アーム機構の開発、ハンドアイロボットシステムや組み立て自動化の研究など、すでにロボットに関する先駆的な研究が数多く行われていましたので、ロボット言語ALの研究開発は必然的な流れだったと言えます。

ALではロボットの動作を記述するために、作業対象とする位置を3次元で記述し、ハンドなどのエンドエフェクタの移動位置を対象の3次元位置情報から算出するような考え方を採用しています。動作中に外部からの情報に応じて適応的に動作を変化させるといった複合的な動作の記述能力も持っており、非常に記述能力の高い研究開発用言語でした[23]。

作業対象を3次元位置で記述するという意味では、ALは環境を記述できる能力を持っているといえますが、基本的にはロボットの動作を記述する言語でした。PUMAに搭載されたVALは、ALが提示した言語システムから現実の組み立て作業に適用できるようにサブセットとして開発された、実用性を目的とした動作記述言語です。そのためVALは非常に洗練された体系となっており、その後各社のロボット言語開発において大いに参考にされました。

ロボットを制御する言語として、ロボットの動作を記述する言語（動作記述言語）というのはごくあたりまえの考え方ですが、ロボットの動作ではなく、ロボットの作業によって実現する対象物の状態変化を記述する方法（対象物状態記述言語）も考えられていました。たとえば、「ワークAの上にワークBを重ねる」というような記述です。作業の結果を指示するため、作業を実現する機械にはこだわらないという意味でプログラムの汎用性は高まります。もちろん環境認識や環境記述、情報処理技術を駆使する高度な研究課題になります[24]。

より上位の作業目標、たとえば「時計のムーブメントを組み立てる」といった作業の目的を指示する方法（作業記述言語）も研究されており、作業記述言語から状態変化記述にブレークダウンして、さらにロボットの動作記述を自動生成しようという考え方も示されています（**図1-14**）。当時のロボット言語は人工知能研究の一環として取り組まれていたため、作業記述言語を指向したのも自然な流れだと言えます。IBMのワトソン研究所による組み立て作業用のロボット言語AUTOPASSがその一例です。

作業記述を組み立てロボットの動作記述に自動展開するのには、制約条件や作業バリエーションが多すぎて容易ではありませんが、ロボットよりシンプルな産業機械であるNC切削加工機械では、実は当時すでに実現されていました。MITで開発されたAPT言語（Automatically Programmed Tools）が、いわば工作機械の作業記述言語といえます。

APT言語は、目的とする加工形状情報と使用する工具情報を与えると、CL（Cutter Location）データといわれる工具の移動経路を生成するという考え方

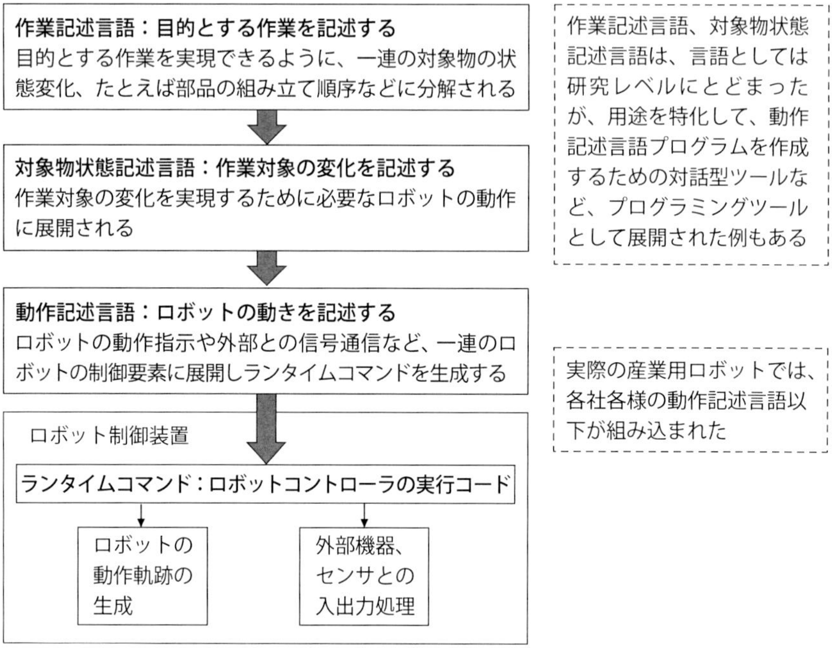

作業記述言語：目的とする作業を記述する
目的とする作業を実現できるように、一連の対象物の状態変化、たとえば部品の組み立て順序などに分解される

対象物状態記述言語：作業対象の変化を記述する
作業対象の変化を実現するために必要なロボットの動作に展開される

動作記述言語：ロボットの動きを記述する
ロボットの動作指示や外部との信号通信など、一連のロボットの制御要素に展開しランタイムコマンドを生成する

ロボット制御装置

ランタイムコマンド：ロボットコントローラの実行コード

ロボットの動作軌跡の生成

外部機器、センサとの入出力処理

作業記述言語、対象物状態記述言語は、言語としては研究レベルにとどまったが、用途を特化して、動作記述言語プログラムを作成するための対話型ツールなど、プログラミングツールとして展開された例もある

実際の産業用ロボットでは、各社各様の動作記述言語以下が組み込まれた

図1-14　ロボット言語処理系の枠組み

です。CLデータはNC工作機械の動作を指示するGコードに変換され、Gコードを実行することによって自動加工が実現されます。

現在のNC加工機械では、さまざまなヒューマンインターフェースを備えたプログラミングシステムが提供されていますが、基本的な考え方は変わっていません。当然のことながらAPTにならったロボット言語も開発されています。エディンバラ大学のRAPT、アーヘン工科大学のROBEXなどがAPT型のロボット言語の一例です。

1980年前後には、このようなロボット言語に関する研究開発が意欲的に行われていました[25]。その一方で、実用機としての産業用ロボットでは、市場に参入していた企業ごとに独自の言語体系を実装しています。溶接や塗装ではティーチングプレイバックをベースとして、ティーチングした点列と施工条件やシーケンス制御を記述する言語を組み合わせた体系、組み立てでは先に紹介したVALのような動作記述言語など、各社各様の言語が提供されました。言語としてのスタイルもBASIC風の簡易なものからPASCAL風の構造化プログラミング言語までさまざまです。よく言えば各社の特徴を活かして、悪く言えばなんとも不統一な状況でのスタートとなりました。

2-3　SCARA型ロボットの登場

2020年代初頭の全世界のロボット市場において65%を占めるのは垂直関節型ロボット、19%が水平関節型ロボットで、この2種類の構造が世界の産業用ロボットのデファクトスタンダードになっています。水平関節型ロボットの原型となったのは、SCARA型ロボットと名付けられた日本発のオリジナルな機構です。

SCARA型ロボットは電機品の組み立てに適した構造のロボットとして、1978年1月に山梨大学牧野洋研究室で開発されました（**図1-15**）。SCARA（Selective Compliance Assembly Robot Arm）の名前は、上下方向と水平方向で選択的な剛性（Selective Compliance）を持った機械として設計されていることに由来しています。電機品の組み立てでは、上下方向に組み付ける作業が多いことに着目し、組み付けの上下方向には剛性が高く、位置決めの水平方向には柔軟に対応できるように低い剛性を持つ機械というのが基本構想です。

もともと民間企業の生産技術研究所での勤務経験がある牧野教授は、実際の電機品の生産現場で、この構造が有効であることを実証する体制が必要であるということで、1978年4月には早くも「SCARAロボット研究会」を立ち上げています。そのためこの研究会は、精密機器や電機電子系企業の生産技術部門、すなわちロボットメーカではなくユーザ企業が多く参加していました。さらに参加各社からの資金援助も得て、2号機、3号機と開発が進み、その後間もなく、諏訪精工舎（現セイコーエプソン）などの研究会参加企業から、順次SCARA型ロボット製品が発売されました。SCARA型ロボットの開発過程は、研究会に参加したユーザ企業の中からロボット事業に進出する企業が現れ

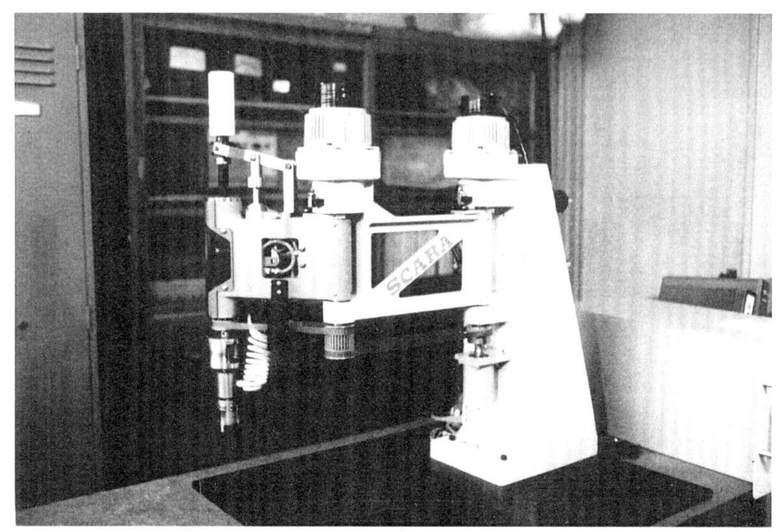

牧野洋[26]引用

図1-15　SCARA型ロボット開発一号機

るという、典型的な産学連携の成功例となっています[26]。

SCARA型ロボットは電機品の組み立てに最適な用途特化型ロボットが出発点でしたが、水平方向が2つの軸の合成速度で高速動作が可能であったため、ピック＆プレースに強い安価な4軸の水平関節型ロボットとして広く市場から受け入れられるようになりました。製造現場の随所にみられる、単純な載せ替え作業やピッキング作業などでもロボットが使えるようになったということで、SCARA型ロボットが産業用ロボットの普及促進において果たした役割は非常に大きなものとなりました。

2-4　初期のロボットソフトウェア開発環境

ロボット普及元年の風景として最後に紹介するのは、当時のロボット開発環境です。1980年前後はマイクロプロセッサがようやく機械の制御システムとして使えるようになったくらいで、計算機としてはまだ、計算機室にメインフレームコンピュータが据えられ、事務計算や科学技術計算用のミニコンが先進的な職場に設置されるようになった時代です。パーソナルコンピュータはようやく出始めたころですが、まだ一般的ではありませんでした。

そのためロボット普及元年以前のロボットコントローラのソフトウェア開発では、パンチカードに一行ずつプログラムを打ち込み、これをミニコンに読み込ませてマイクロプロセッサ用のクロスコンパイラを走らせることによりマイクロプロセッサの実行コードに変換していました。これを紙テープに落として、ロボットコントローラの紙テープリーダで開発用のRAM（Random Access Memory）に読み込ませて実機上で検証するという開発スタイルでした。開発が完了したら、完成されたプログラムをROM（Read Only Memory）に書き込み、これを製品に装着すればロボットコントローラが完成するという仕掛けです。

検証作業でバグが見つかると、本来はミニコンまで戻らないといけないのですが、簡単な修正であれば専用の道具を使って穴をあけた修正部分の紙テープを作って、元のテープを切り張りするようなことも日常的に行っていました。ロボット普及元年までには、紙テープはフロッピーディスクやカセットデータレコーダに変わりましたが、さすがにこれでは実用機の開発競争には耐えられません。ロボットコントローラのソフトウェア開発環境は短期間で大きく変化していきます。

マイクロプロセッサのメーカにとってもアプリケーションソフトウェアの開発環境の供給は普及促進には不可欠でしたので、マイクロプロセッサのメーカ各社から専用の開発システムの供給も始まりました。たとえばインテルからは、MDS（Micro-processor Development System）という、デスクトップ型パソコンのようなハードウェア上で、高級言語から実行コードを生成するコンパイラや、開発中のハードウェアのCPUのソケットに接続してプログラム動作のデバッグ作業を行うICE（In Circuit Emulator）などの機能が使えるような専用のシステムが提供されました。

しかしその後CPUの高速化が進み、開発すべきソフトウェアもけた違いに巨大化、複雑化していきます。そのため開発環境も、情報処理技術を駆使して汎用的なコンピュータで使えるソフトウェアツールとして、急速に進化します。プログラム開発機能を中心に、シミュレーション環境やさまざまなソフトウェア検証ツール類が充実し、開発プロジェクト管理機能まで含めた総合的な組み込みソフトウェア開発環境へと進化していきました。

アシモフとエンゲルバーガー

ジョセフ・F・エンゲルバーガー（1925年–2015年）とアイザック・アシモフ（1920年–1992年）はともに同世代のロボット世界のレジェンドです。

アシモフは言うまでもなく『われはロボット』などで有名なアメリカのSF作家です。彼は、ロシア帝国崩壊後、ソビエト連邦成立前の微妙な時期に、ベラルーシ近くのロシアの村に生まれ、ソビエト連邦成立後間もない1923年、3歳のころにアメリカへ移住しています。

ニューヨークのブルックリンで始めた生活は苦しかったようですが、学業は優秀でした。飛び級を重ねて15歳でコロンビア大学に入学し、1939年に化学科を卒業、1941年に修士号を取得しています。その後第二次世界大戦中の1942年に、海軍勤務のため大学院を休学しましたが、1946年に大学院に復学し、1948年には博士号を取得しています。

大学在学中の18歳のころからSF短編を書き始め、1939年にSF雑誌でデビューしています。一連のロボット物はこの年に書いた「ロビー」が最初のようですので、十代から書き始めていたことになります。大学院進学後も短編の雑誌掲載が続き、修士課程を卒業するころにはSF短編作家として知られるようになっていたようです。

師匠であり、SF雑誌「アスタウンディング」の編集長でもあったジョン・W・キャンベルの指摘により、アシモフはロボット三原則を展開しました。それが初めて明記されたのは1942年に発表した「堂々めぐり」で、大学院休学中の22歳の時のことです。「ロビー」も「堂々めぐり」も短編集『われはロボット』に収録されています。なお、大学院休学中は海軍の技術職としてフィラデルフィア海軍造船所に在籍していましたが、ここでは、後にアシモフ、アーサー・C・クラークと並びSFビッグスリーと言われる、ロバート・A・ハインラインと一緒に勤務していました。アシモフとハインラインはどんな会話を交わしたのか、大変興味深いものがあります[27]。

一方、エンゲルバーガーは、世界で最初の産業用ロボット製造会社であるユニメーション社を立ち上げた「産業用ロボットの父」であり、生まれたのが何とブルックリン。5歳のアシモフとベビーバスケットの中のエンゲルバーガーは街中ですれ違ったかもしれません。エンゲルバーガーはアシモフの愛読者だったとのことで、アシモフの短編が雑誌に掲載され始めたころは多感なハイスクールボーイでした。その後、エンゲルバーガーもアシモフと同じくコロンビア大学に入学しています。1946年に物理学科を卒業後、大学院に進学し1949年に電気工学修士号を所得しました。エンゲルバーガーが学部生のころ、アシモフはちょうど海軍に勤務中で、エンゲルバーガーが大学院で修士課程だったころ、アシモフは博士課程にいました。キャンパス内ですれ違ったかもしれません。

エンゲルバーガーがユニメーション社を興すのはそれから8年後のこと。当時、鉄道用のバルブやクレーンを製造するManningMaxwell & Moore社に勤務していた31歳のエンゲルバーガーと44歳のデボルは、1956年にコネチカット州のカクテルパーティで出会っています。1950年代はアメリカ自動車産業の黄金時代です、製造現場の自動化競争が盛んな時期であり、プレイバックロボットの話で盛り上がったのも必然的だったと思います。これをきっかけに2人は、1957年にユニメーション社を立ち上げています。1961年に油圧駆動のユニメート初号機がGMニュージャージ工場のアルミダイカスト工程に納入され、ここから産業用ロボットの実用化の歴史が始まりました。

アシモフとエンゲルバーガーの関係は、作家と愛読者の関係でしたが、実際にはもう少し踏み込んだ関係にあったようです。エンゲルバーガーは1980年に“Robotics in Practice”を著しており、その日本語版は『応用ロボット工学』として、早稲田大学の長谷川幸男先生の翻訳で1984年に朝倉書店から出版されています。ユニメートの活用事例集のようなかなり生真面目な本ですが、エンゲルバーガーの序文の前に「ロボットの時代がやってくる」という、1ページあまりのアシモフのエッセイ風イントロダクションが入っています。アシモフは「十代でロボットものを書き始めてロボット三原則を考えたころには、ロボットが使われるようになることなど、まともに信じてはいなかった。今はまだ十代のころに想像していたロボットではないが、これから進歩は続くだろう。そしてロボットが骨の折れる仕事を引き受け、人間は創造的で楽しさに満ち溢れた仕事に携わるだろう」とまとめています。ロボット産業従事者としては、アシモフの期待に少しでも応えられたか大いに気になります。55歳のエンゲルバーガーが60歳になったアシモフにどのように執筆依頼をしたのかはわかりませんが、個人的には、ぜひ2人のレジェンドはすでに旧知の仲になっていた、と言ってほしいところです。

参考文献

[1] George Charles Devol, Jr.：“PROGRAMMED ARTICLE TRANSFER”, United States Patent 2 988,237

[2] 鈴木直次：モータリゼーションの世紀 T型フォードから電気自動車へ、岩波現代全書、岩波書店、2016/11

[3] 山根謙二：「川崎ユニメート」、オートメーション Vol.14、No.5、pp53～56、日刊工業新聞社、1969/5

[4] Joseph F. Engelberger, Practice in Robotics, Management and applications of industrial robots, KOGAN PAGE, ジョセフ・F・エンゲルバーガー：応用ロボット工学、朝倉書店、長谷川幸男監訳、1984/5

[5] 大谷内一夫：「工業用ロボット“バーサトラン”について」、生産と運搬、Vol.9、No.4、p77～82、新技術社、1968/4
[6] 日本AMF株式会社：「工業用ロボット－AMFバーサトラン」、計測と制御、Vol.7、No.12、p131～132、計測自動制御学会、1968/12
[7] 川崎重工業：「カワサキロボットの半世紀 THE STORY OF KAWASAKI ROBOT 1968-2018」（川崎重工業ロボット50年史）、ロボットビジネスセンター、2018/6
[8] 武田晴人編：高成長期の日本の産業発展、東京大学出版会、2021/11
[9] トヨタ自動車：「トヨタ自動車75年史」、トヨタ企業サイト、(2023/8/20取得 https://www.toyota.co.jp/jpn/company/history/75years/)
[10] 藤井澄二ほか：「ロボット研究の回顧と展望」ほか、日本ロボット学会誌、Vol.1、No.1（創刊号）、1983/4
[11] 嶋正利：「マイクロプロセッサの25年」、電子情報通信学会誌Vol.82 No.10 p.997-1017、1999/10
[12] 大野榮一・小山正人：パワーエレクトロニクス入門改訂5版、オーム社、2014/1
[13] 溝口善智：「ロボットマニピュレーションを支える減速機」、計測と制御、vol.56 No.10、計測自動制御学会、2017/10
[14] 日刊工業新聞社編：「特集ロボット・自動化装置の設計に役立つ精密減速機の最新技術」、機械設計Vol.60,No.4、日刊工業新聞社、2016/3
[15] 住友重機：サイクロ減速機国内生産80周年特設サイト（2019)、(2023/8/20取得 https://cyclo.shi.co.jp/80th/#top)
[16] 住友重機：住友重機のモノづくりサイト「No.5進化し続けるサイクロ減速機」(2023/8/20取得　https://www.shi.co.jp/tech/create/cyclo.html)
[17] ハーモニックドライブシステムズ：沿革サイト、(2023/8/20取得　https://www.hds.co.jp/company/statutes/)
[18] 日本産業用ロボット工業会：「‘74国際産業用ロボット展出品会社」、ロボットNo.8、p12、日本産業用ロボット工業会、1975/3
[19] 日本産業用ロボット工業会：「‘77国際産業用ロボット展 大きな成果上げ閉幕」、ロボットNo.17、p12-15、日本産業用ロボット工業会、1977/12
[20] 日本産業用ロボット工業会：「‘79産業用ロボット展報告」、ロボットNo.25、日本産業用ロボット工業会、1979/12
[21] 伊藤誠一：「'79産業用ロボット展見聞記」、ロボットNo.25、p.70-73、日本産業

用ロボット工業会、1979/12
[22] ファナックの歴史　1955-2019　開発編、1955-2019　沿革編/資料編、ファナック株式会社、2021/6
[23] 松原仁・岡野彰・井上博允：「作業目標レベルのロボット言語の設計と試作」、日本ロボット学会誌、Vol.3No.3、p48-56、1985
[24] 井上博允：「ロボット言語の研究課題」、日本ロボット学会誌、Vol.2, No.2、p3-6、1984
[25] 真泉史夫：「ロボット言語について」、オペレーションズ・リサーチ1982年9月号、p494-510、日本オペレーションズ・リサーチ学会、1982/9
[26] 牧野洋・村田誠・古谷信幸：「SCARAロボットの開発」、精密機械Vol.48, No.3、p92-97、精密工学会、1982/3
[27] アイザック・アシモフ：アシモフ自伝、早川書房、山高昭訳、1983/12、1985/5

第2章

生産機械として完成度を高める産業用ロボット

1980年代、1990年代の産業用ロボット発展史

ロボット普及元年から次々と生み出された産業用ロボット製品は、当時の勢いのある製造業により鍛えられました。ロボット普及元年の1980年は、戦後の高度経済成長期に続く安定成長期の最中で、ロボット産業の初期成長期は日本経済が世界に存在感を示した活気のある時代でした。しかし、1990年代初頭にバブル経済が崩壊し、その後の日本経済は、現在に至る長きにわたる停滞期に入りました。1990年代のロボット産業は市場規模としては伸び悩みますが、生産機械としてのロボットの機能や性能は進化が続きました。

産業用ロボットの発展の歴史において、1980年代、1990年代は、産業用ロボットの機能や性能が充実し、生産機械としての完成度を高めていった時代として位置づけられます。機能や性能の向上とともに生産財としての活用の可能性が広がりました。

1　産業用ロボットの初期成長期（1980年代）

1980年ロボット普及元年、いよいよ産業用ロボットの市場が立ち上がりました。ロボットの年間出荷台数は1980年が4500台、1981年が8200台、1982年にようやく1万台を超えて14900台というささやかな規模ながら、確実に台数を伸ばしていきました。その後、1990年には7万台を超える規模に達し、全世界出荷台数の8万台に対して日本製ロボットは88%を占め、日本は圧倒的なロボット大国となりました（**図2-1**）。

初期成長期のロボット産業は、日本の生産技術に長けたユーザからの大きな期待と厳しい要求に鍛えられました。新しい機械制御技術を次々と取り入れることにより、機械製品としての完成度を高めていきます。さらに、新しい産業分野として、日本産業用ロボット工業会を中心として関連規格や法規の整備、業界関連情報や応用技術の共有化の仕組みの構築が進み、1983年には新たに日本ロボット学会が設立されるなど、ロボットを社会に根付かせる体制が整備されていきました。

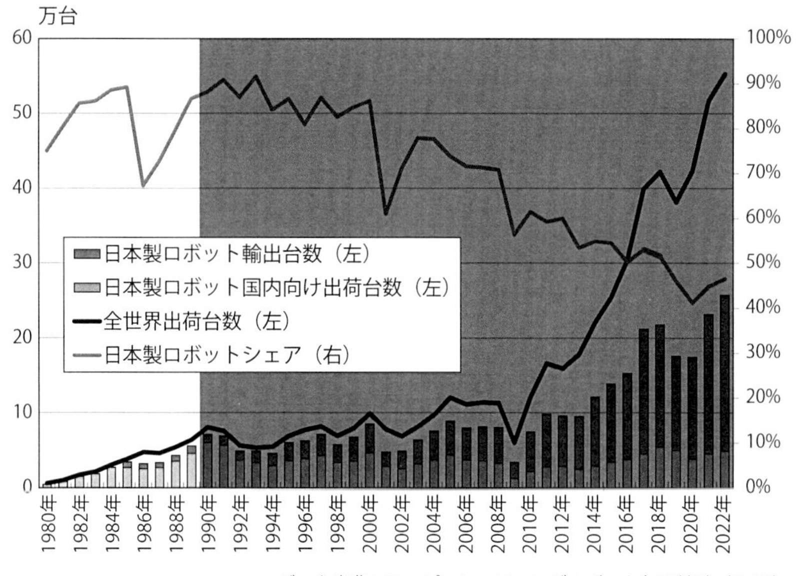

図2-1　1980年代の日本製ロボットの出荷台数

1980年代はロボット産業のみならず、工作機械や制御装置などのあらゆる生産財が、コンピュータコントロールによる電動設備に進化した時代となりました。これを機に、製造現場における自動化は、高度経済成長期のいわゆる機械化から、プログラマブルでフレキシブルな自動化、ファクトリー・オートメーションへと向かい始めました。

1-1　ロボット産業の市場形成

■ 国際競争力の高い製造業が鍛えたロボット産業

初期成長期のロボット産業をけん引したのは、溶接用途を中心とした自動車産業と、組立用途を中心とした電機電子産業です。ロボット普及元年前後の1978年から1981年までの累積用途別納入実績台数6万3948台のうち、適用分野別にみると、合成樹脂2万1011台（33%）、電気機械1万3645台（21%）、自動車1万1064台（17%）となっています。自動車や電気機械産業では、早くからロボットの活用に積極的だったことがうかがえます（**図2-2**）[1]。なお、最大適用分野の合成樹脂ですが、これは樹脂成形機からの取出専用ロボットが、樹脂成形機メーカ向けに多く出荷されたことを示しています。樹脂成形機はあらゆる製品の樹脂部品を製造する生産財で、代表的な用途は自動車の内外装や電気機械の外装や構造部品です。そのため、合成樹脂分野向け出荷ロボットの中には、自動車や電機電子産業の製造現場で使用されるものも多く含まれています*。

自動車産業と電機電子産業は日本の安定成長期の主役となったハイテク2大産業で、国際競争力を発揮し1980年代の日本に大幅な貿易黒字をもたらしま

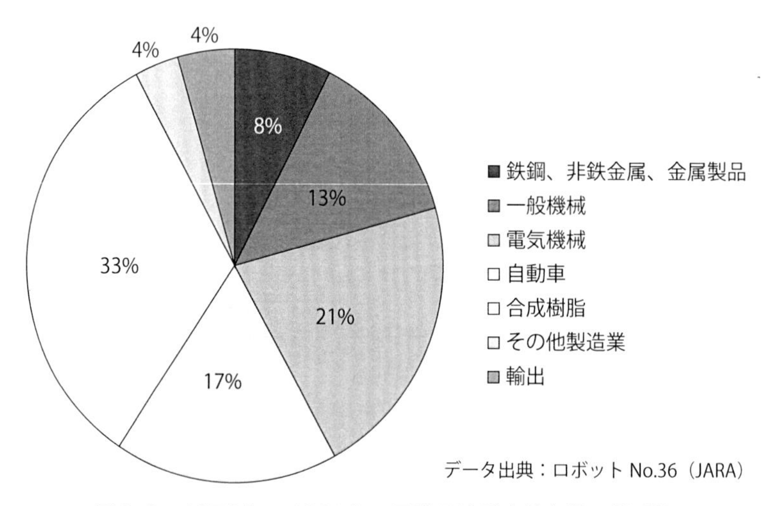

図2-2　1978年～1981年の累積用途別出荷台数の構成比

---

*　産業用ロボットの出荷統計は、ロボットメーカから提出された出荷データに基づきます。そのため、装置メーカやシステムインテグレータに向けて出荷され、出荷の段階では最終需要者まで特定できないケースも多く含まれます。この点、産業用ロボットの出荷データを分析するうえで注意を要します。

した。この国際競争力には、日本が得意とする自動化技術が大きく貢献していますので、安定成長期と産業用ロボットの普及開始時期が一致したことは必然でもありました。自動車産業と電機電子産業は、進化の過程にある生産財を積極的に活用しつつ、さらなる進化の加速を求めることで国際競争力を強化していきます。

普及初期の産業用ロボットは機能や性能は発展途上で、現場のあらゆる期待に十分に応えうるレベルにはありませんでした。しかし、生産技術に長けたユーザは、当面はロボットをうまく使いこなす工夫をしつつ、ロボットメーカに対して次々と厳しい開発要求を示す流れとなりました。この流れが、ロボット産業の技術的進歩と事業体制の充実を促進する強い原動力となりました。

国内外の自動車メーカでは、1980年代の早い時期に溶接ロボット、塗装ロボットの採用メーカを決めるコンペティションを実施しています。コンペティションでは、ロボットの機能や性能の比較に加え、開発体制、保守体制を考慮したうえで、採用メーカの絞り込みを行っています。ここで採用されたロボットメーカは、現在に至るまで中大型の産業用ロボットを中心に、業界のけん引役となっています。また、電気機器メーカの多くは、自動化効果を強く求める自社内生産現場を鍛錬の場としてロボット技術を磨き上げ、中小型の産業用ロボットを外販するロボットメーカとして事業展開を始めました。

1980年代の初期成長期は、前半と後半で多少景色が変わります。前半はまさに初期成長で多くの企業が次々と参入しましたが、後半は激しい競争の結果メーカの淘汰が始まりました。日本産業用ロボット工業会への会員加入状況を見ると、1980年から最初の5年間で、正会員数はほぼ倍増しています（**図2-3**）。1980年代前半に短期間で多くの企業が市場に参入した結果、各社各様の機械構造が乱立する競争となっています。

日刊工業新聞社の調査によると、1983年の国内ロボットメーカの数は大企業、中小企業を含めて84社、各社から発売されているロボットは計299機種でした[2]。この年のロボット出荷台数は21600台に過ぎないため、発売しても全く売れなかった機種もおそらく相当数存在していたと推定されます。2020年

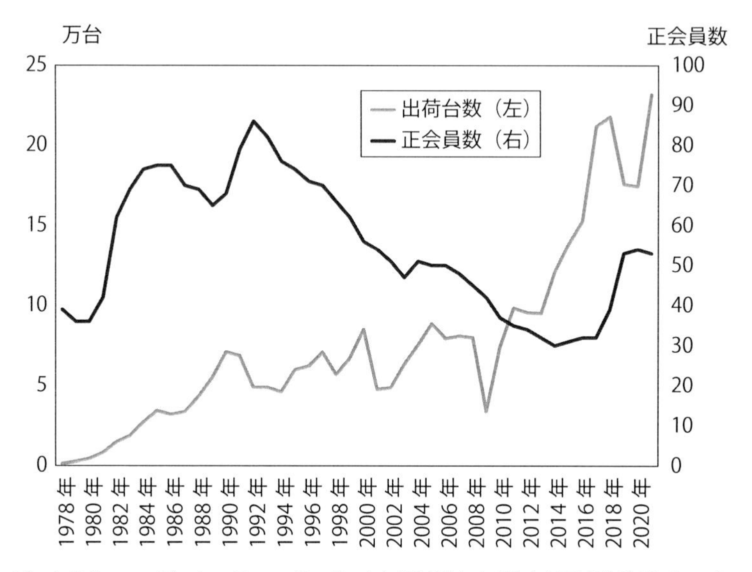

データ出典：マニピュレーティングロボット年間統計および各年活動報告資料（JARA）

図2-3　日本ロボット工業会正会員数と日本製ロボット出荷台数の推移*

のロボットメーカおよそ30社、出荷台数18万台と比べると、かなり過当競争になっていますが、市場の立ち上がり時はいかに各社のロボット業界参入意欲が旺盛であったかを物語っています。

1986年に日本産業用ロボット工業会の正会員数は減少に転じます。ロボットメーカの最初の淘汰が始まりました。1980年代後半の日本の製造業はプラザ合意に起因する急激な円高により厳しい国際経済環境に置かれたにもかかわらず、国際競争力を発揮して安定成長を果たしています。ロボット産業においてもコストダウンと機能や性能の向上を両方を果たしたロボットメーカが生き残ることとなりました。

＊　日本ロボット工業会正会員数は、2018年からシステムインテグレータ会員が急増し、2020年には54社になっていますが、そのうち産業用ロボットを製品として製造販売しているロボットメーカはおよそ30社です。2018年に工業会内組織として、FA・ロボットシステムインテグレータ協会（JARSIA）が発足し（第3章で解説）、一部のJARSIA会員が、日本ロボット工業会の正会員としても登録したための正会員数増加となっています。

1985年に実施されたプラザ合意は、増大し続ける米国の貿易赤字を解消するための先進5ヶ国による合意です。その結果、米国の目論見通り、1ドルは200円台から100円台へと急速に円高ドル安が進行しました。それでも日本の製造業は厳しいコストダウンを果たし貿易黒字を重ねるという、非常に強い国際競争力を発揮しました。

■ プログラマブルな多関節型ロボットへの進化

産業用ロボットは、3次元空間内のさまざまな位置で、さまざまな方向に向かって作業ができることが求められますので、位置（X、Y、Z）と姿勢（R_x、R_y、R_z）の6次元の位置と姿勢を決める機構が必要になります。これを実現するために、産業用ロボットでは標準的には6自由度の機械構造が採用されます。ただし、常に姿勢を限定して使用するロボットの場合は、4あるいは5自由度の機械構造とすることもあります。また、たとえば障害物を避けて作業するために、同じ位置と姿勢を決める答えが複数ある7自由度以上の機械構造とすることもあります。

標準的な6自由度は、主に位置を決める3自由度＋姿勢を決める3自由度で構成されます。姿勢を決める3自由度はロボットの手首構造として工夫を凝らすことになりますが。位置を決める3自由度は基本的に、直交座標型、円筒座標型、極座標型、水平関節型、垂直関節型のいずれかの構造が採用されます（**図2-4**）。

ロボットメーカ各社は、人の腕に近い6軸以上の垂直関節型ロボットを理想形として認識していました。しかし、1980年代初頭の産業用ロボットは、駆動系の実装のしやすさや制御のしやすさから、直交座標型や円筒座標型、あるいは垂直関節型であっても手首2軸の5軸仕様の製品からスタートしています。

1982年の日本産業用ロボット工業会の資料によると軸構成による機種数構成比は、関節型ロボット22％、直交座標型53％、円筒座標型22％と、半数以上が直交座標型という記録が残っています[3]。1980年代前半のロボット産業は、機構的には現在主流の多関節型は少なく、多種多様な形状のロボット機種

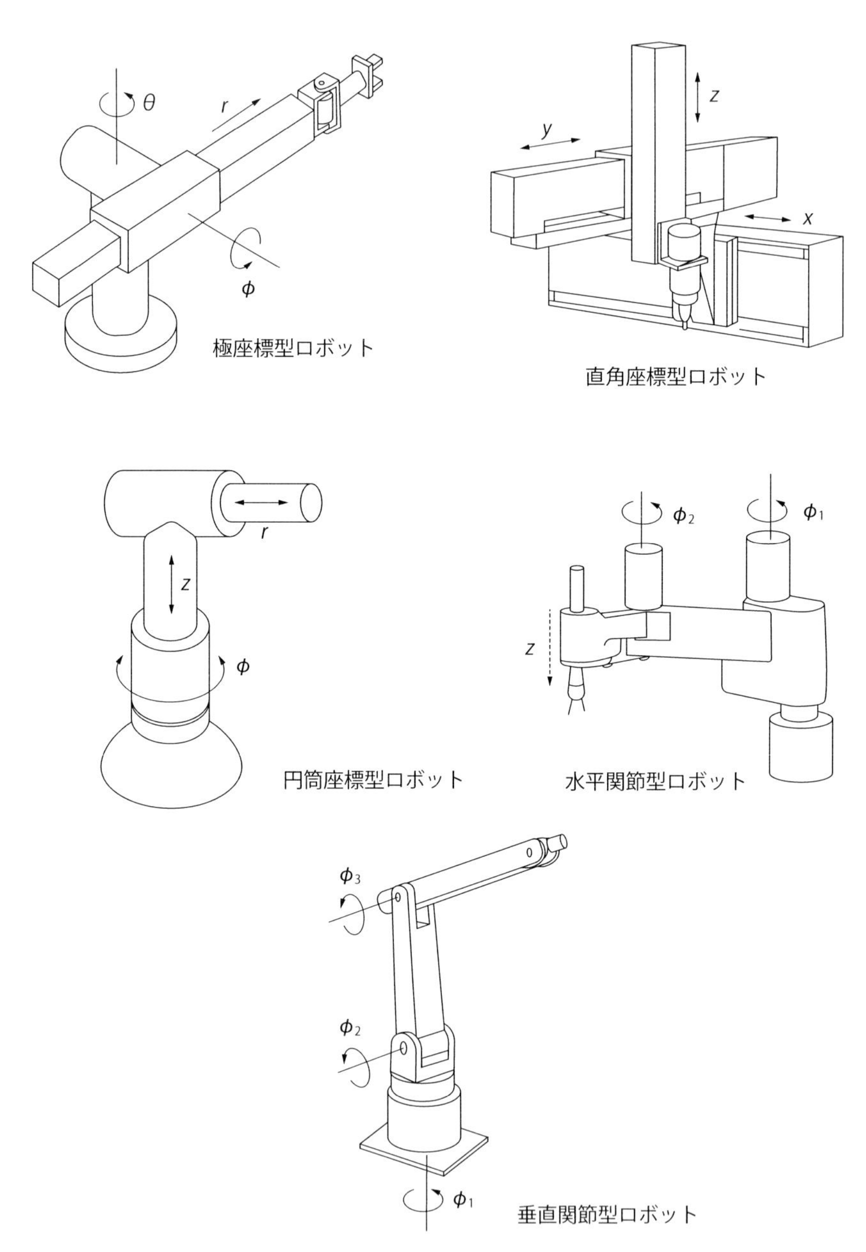

図２-４　位置決め３軸の基本構造

で構成されていましたが、サーボモータの小型化やマイクロプロセッサの制御能力の向上により、1980年代後半には6軸垂直関節型が産業用ロボットのドミナントデザイン*として定着し始めました。

1980年代後半に起きたロボットメーカの最初の淘汰は、製品面から見ると6軸垂直関節型ロボットあるいは水平関節型ロボットの製品開発に成功し事業として定着できたメーカ、または樹脂成形機取り出しロボットのような特定用途向け特化型ロボットで独自の市場形成に成功したメーカが生き残るという結果になっています。

制御様式の方も1980年代初頭にはさまざまな制御様式のロボットが開発されていました。ロボットの分類や用語を規定した1979年版のJIS B 0134の区分では、人が操作するマニュアルマニピュレータ、同じ動作をひたすらに繰り返す固定シーケンスロボット、その繰り返しパターンを変えることができる可変シーケンスロボット、あらかじめティーチングした動作を再生するプレイバックロボット、数値的に入力したデータをもとにプログラマブルな数値制御ロボット、センサで認識した環境情報に応じて自動的に動作を切り替えることができる知能ロボット、という6分類となっています。ロボット工業会の統計でも1980年代から2000年まではこの区分が採用されていました。現在の統計区分は垂直関節型、水平関節型などの軸構成により分類されていますが、普及元年のころの産業用ロボットの軸構成は参入各社さまざまで非常にバリエーションに富んだもので、むしろプログラミング方法、制御方式の違いにより機能や性能に大きな違いがありました。

1979年版JIS B 0134の分類による日本製ロボットの構成比を**図2-5**に示します。ただし、多くのロボットは現場で現物合わせしたティーチングと数値入力を混在させたり、一連のシーケンス動作をプログラムで切り替えたり、といっ

＊　ドミナントデザインとは、健全な製品開発競争ではやがて優位な仕様が明確になるという経営学上の考え方です。アッターバックらの研究により、産業のライフサイクルにおいては、その産業において合理的な製品が市場競争の結果として生き残り、ドミナントデザインとしてその優位性が確実になる時点で参入企業数がピークに達し、その後は企業退出が始まる（シェイクアウト）傾向になることが示されています[4]。

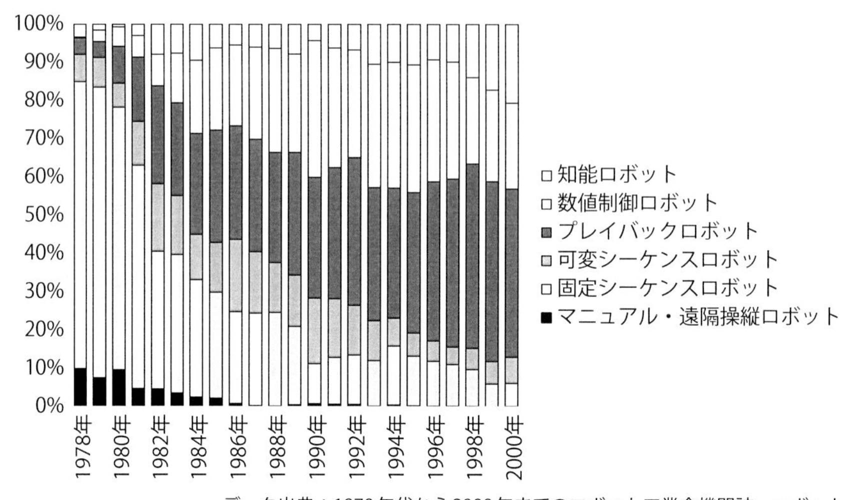

データ出典：1970年代から2000年までのロボット工業会機関誌、ロボット

図2-5　制御仕様タイプ別構成比の推移

た仕様で、この区分は必ずしも明確なものではありませんでした。そもそも、ロボット普及元年当時はロボットと称していた製品の大多数が固定シーケンス型で、プログラマブルなものではありませんでした。当時の可変シーケンスロボット、プレイバックロボット、数値制御ロボット、知能ロボットが、何らかの形でロボットの動作を指示するロボット言語に相当する機能を備えていますので、現在のプログラマブルな多軸ロボットに相当するものと考えてよいと思います*。1980年の時点では、これらの区分の出荷台数は全出荷台数の22%でしたが、プログラマブル化が急速に進んだ結果、1989年には79%に達しています。

以上のように、ロボット普及元年当時は駆動系も軸構成も制御レベルも多種多様だった産業用ロボットですが、初期成長期の10年間でプログラマブルな

＊　産業用ロボットでは、位置や姿勢のデータはティーチングによる入力が多く使用される関係から、たとえ数値入力も可能でロボット言語によるプログラマブルなものであっても、多くがプレイバックロボットに分類されていました。

電動型多関節型ロボットに集約されていきました。1980年代は市場の初期成長期であったとともに、産業用ロボットに関わるメカトロニクス技術が急速に充実し、産業用ロボットの機械構成と制御方式の基本型が固まった時期であったと言えます。

1-2　初期成長期の技術進歩

1980年代のメカトロニクスに関わる個々の技術進歩に踏み込んでみましょう。第一にマイクロプロセッサの発達に応じたディジタル制御系の充実、第二に電動機械としての機能や性能が充実し、プログラマブルな多関節型ロボットの生産機械としての価値が高まりました。

■ ディジタル制御技術の充実

・マイクロプロセッサとロボット制御

普及元年前後に発売されたプログラマブルなロボットのコントローラは、ほとんどが8bitマイクロプロセッサ（以下CPU）を搭載していました。CPUの搭載によりロボットは画期的なプログラマブル能力を得たのですが、8bitCPUではロボットを制御するための数値演算能力はかなり貧弱でした。

たとえば6軸の垂直関節型ロボットについては、各関節の6次元角度Θ（θ_1, θ_2, θ_3, θ_4, θ_5, θ_6）が決まるとアームの長さなどのロボットの幾何的な構造情報を使って、その時の、3次元作業空間内でのロボットの先端の3次元空間の位置と姿勢P（X, Y, Z, R_x, R_y, R_z）が計算できます。R_x, R_y, R_zは姿勢を表す変数で、X、Y、Zそれぞれの軸周りの回転角度を表現しています。これを順運動学演算といいます。その逆に、Pが決まるとその位置と姿勢を実現するΘが算出できます。これを逆運動学演算といいます。

ロボットの制御は、逆運動学演算と順運動学演算を必要に応じて行うことで実現しています（**図2-6**）。基本的には、ロボットの先端の3次元位置情報Pから、実際に機械を各軸で制御するためのΘに変換する逆運動学演算が中心ですが、垂直間接型ロボットでは多く関数演算が必要でCPUの負担は大きくなり

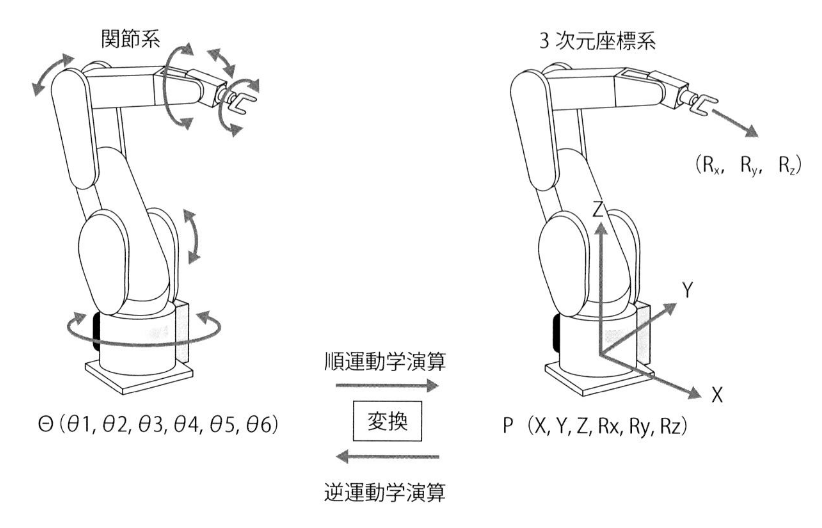

図2-6　関節系と3次元座標系

ます。ロボットに目的とする動作をさせるためには、ミリ秒のオーダでこの運動学演算を行う必要があります。現在は8bitCPUと比べると文字通りけた違いに演算能力の高いCPUを使っています。そのためロボットのダイナミックなモデルを使って機械の挙動を予測したさまざまな補償演算も可能になっており、高速でスムーズに動くようになっています。しかし、当時の8bitCPUでは順運動学演算と逆運動学演算だけで手いっぱいでしたので、ロボットの動きはまだぎくしゃくしていて、動作軌跡もかなり誤差がありました。

1980年にはすでに16bitCPUも発売されていました。もちろん使用するCPUの演算能力が高いほどさまざまな機能の実現や制御性能向上が可能なのですが、品質と供給の安定、開発環境の充実、そして価格が折り合うかどうかが産業用途に適用する前提条件になりますので、各社の初期のロボットはおおむね8bitCPU採用からスタートしています。しかし、インテル社とモトローラ社の16bitCPUが急速に普及し始めたため、1983年ごろには早くも、ロボットコントローラに16bitCPUが搭載され始めました。

CPUの演算能力が強化された結果、プログラマブルロボットとしての能力を本格的に発揮し始めます。先に示したように、プログラマブルなロボットは1980年当時、出荷された産業用ロボットの22%しかなかったのですが、CPU能力向上により1983年には60%を超えました。

プログラマブルロボットとしての基本的なコントローラのソフトウェアアーキテクチャの開発は、16bitCPU搭載機から本格化しました。パーソナルコンピュータが本格的に普及するのは1990年代ですので、ロボットなどの産業機械の方が10年以上早くマイクロプロセッサの活用が始まっていることになります。ロボットコントローラのハードウェア、ソフトウェアの構成例を**図2-7**に示します。

プログラマブルなロボットコントローラのソフトウェアは、ロボットを実時間で確実に制御するためのリアルタイム制御系のソフトウェアと、ロボットの動作を決定するプログラミング・プランニング系の情報処理ソフトウェアで構成されています。

・リアルタイム制御系の構成

リアルタイム制御系のソフトウェアを実時間で確実に実行するためには、リ

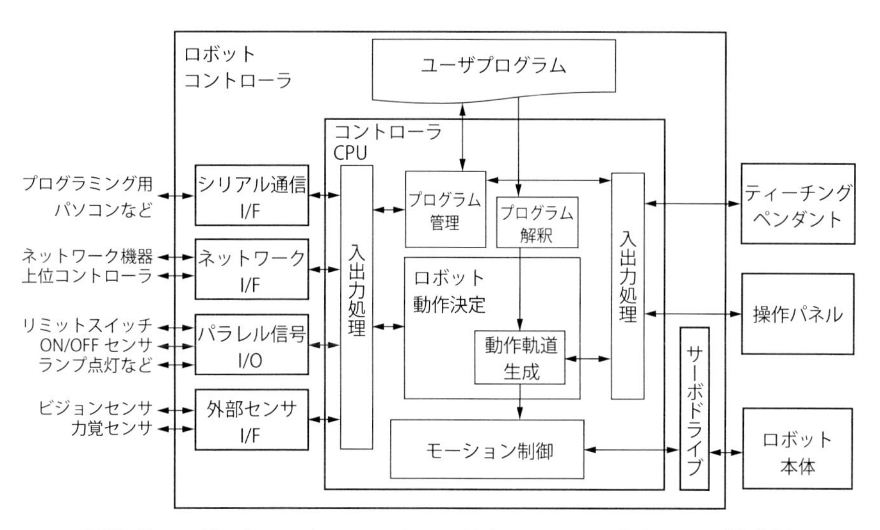

図2-7　ロボットコントローラのハードウェア、ソフトウェアの構成例

アルタイム・オペレーティング・システムが必要になります。リアルタイム・オペレーティング・システム（RTOS）は、ロボットのCPUが処理すべき仕事（タスク）を優先順位に応じて割り当てる（マルチタスク）ための組込みソフトウェアシステムで、ロボットの複雑なソフトウェアを確実に管理するために必須の技術です。リアルタイム制御系は、ロボットに目的とする作業を確実に行わせるために必要な、ロボットのモーション制御、外部機器やセンサからの情報の入出力処理などのソフトウエアです。特にロボットのモーション制御は、ロボットが指示された方向に指示された速度で動くように各軸を動作させるもので、ロボットにとって性能を決めるもっとも重要なソフトウエアです。

・RTOS（リアルタイム・オペレーティング・システム）

まず、RTOSから簡単に解説します。最近のほとんどの工業製品には、何らかのCPUとマルチタスクを実現するためのオペレーティング・システム（OS）が組み込まれています。パソコンのWindowsもOSです。Windowsのマルチウインドウはそのままマルチタスクですが、さらにキーボードの入力を受け付けたり、ファイルをダウンロードしたりといった基本的機能もタスクに割り付けられていて、タスク間の連携で文書作成やインターネット検索などの機能を発揮します。パソコンの場合、キーボードから入力に対する反応時間が多少ばらついてもたいして問題にはなりませんが、ロボットなどの機械では、必ず意図した時間に意図した状態で制御されている必要があります。RTOSは、このような時間的な制約を最優先とした、マルチタスクのリアルタイム制御を目的としたOSです。

リアルタイムとは、理想的には入力や指令に対して即座に対応することです。しかし、現実にはCPUが何らかの演算処理をしますので、必ず遅れが発生します。多少遅れても問題のないタスクもありますが、所定の時間の範囲内で絶対に処理を終えなくてはならないタスクもあります。目的とするシステムの能力として許容できる範囲内で即座に、というのがリアルタイムの意味するところと解釈してください。

ロボットを制御するために必要なタスクとして、ロボットに目的の動作をさせるためのモーション制御、外部からの入力信号に応じた処理、ディスプレイ画面などへの出力情報の作成と出力などがあります。

たとえばモーション制御では時々刻々とモータに指令値を送る必要があります。滑らかな動きを実現しようとすると、msec単位の決められた間隔で指令値を各軸の駆動系に送り続ける必要がありますので、一定時間ごとに起動されるタスクで処理されます。一方、センサや操作パネル、あるいはネットワークを通じた入力に対する処理は、信号入力に応じて処理されるイベント駆動型のタスクで処理され、信号の緊急性によって処理の優先度が異なります。ディスプレイへの表示は人に違和感を与えない時間間隔で更新されれば十分ですが、緊急時の停止などは即座に反応する必要があります。

このように、一定時間ごとに走らせるタスク、入力に応じて走らせるタスクなど、それぞれの許容時間内で確実に処理を終えるように複数のタスクを管理するのがRTOSです。初期の8bitCPUでは、さほどタスクが多くなかったのでRTOSを導入するまでもなく、CPUが持ち合わせている割り込み制御によるスケジューリングでも充分でした。割り込み制御とは、現在実行中のプログラムに対して、プロセッサの割り込み入力に応じて特定のプログラムを割り込ませて走らせ、これが終わったら元のプログラムに実行を戻すという仕組みです。

・ロボットの動作制御

ロボットのモーション制御は、たとえば1msecごとに起動されるタスクとして実行されます。次の1msecでロボットを目標位置に動かすために必要な各軸の回転角度を算出して、各軸のサーボドライバに出力します。サーボドライバではこの指令値をさらに分割し、サーボモータに制御目標値として順次与えることにより、1msec後にロボットは目標位置に到達します。これを次々と繰り返すことで、目的とするロボットの位置と速度の制御が実現します（**図2-8**）。

一般的にはロボットの動作プログラムは、ロボットのフランジ（メカニカルインターフェース）に取り付けたハンドや溶接トーチなどのエンドエフェクタの作業点（ツール・センター・ポイント：TCP）の一連の挙動を記述するこ

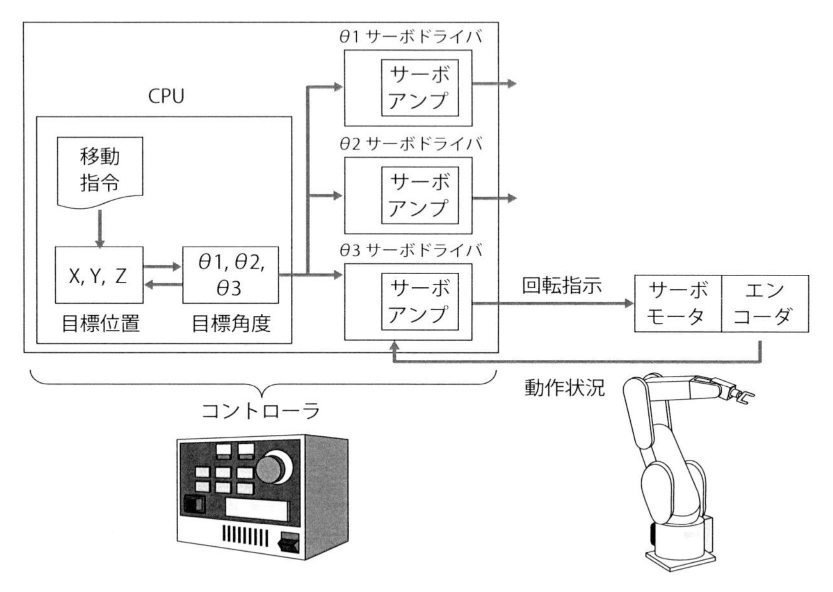

図 2-8　モーション制御の指示系統図

とによりロボットの作業を表現します*。プログラムを実行することで、TCPが次に向かうべき目的位置が得られ、その目的位置まで移動するロボットの動作軌道が生成されます。

ここで、6軸垂直関節型ロボットのTCPを目的とする位置まで、直線的に移動させることを考えてみましょう。この場合は、TCPの現在位置から目的位置までの直線上に通過すべき点列を計算して（直線補間）、所定の時間ごとに次の点に移動するように各軸のモータに回転指令値を与え続ければ直線移動が実現できることになります。たとえばロボットの先端を1m離れた位置まで秒速1mで直線移動させようとしたら、目標位置までの直線を100分割し、

*　産業用ロボットに関する用語は、JIS B 0134（ISO 8373）で規定されています。メカニカルインターフェースは「マニピュレータの先端に設けられた、エンドエフェクタの取り付け面」、ツール・センター・ポイント（TCP）は「与えられたアプリケーションにおいて、メカニカルインターフェース座標系上で定められた点」と定義されています。通常、TCPは具体的には溶接トーチの先端、開閉ハンドの爪の中間点など、まさにロボットが作業をする点として定義します。

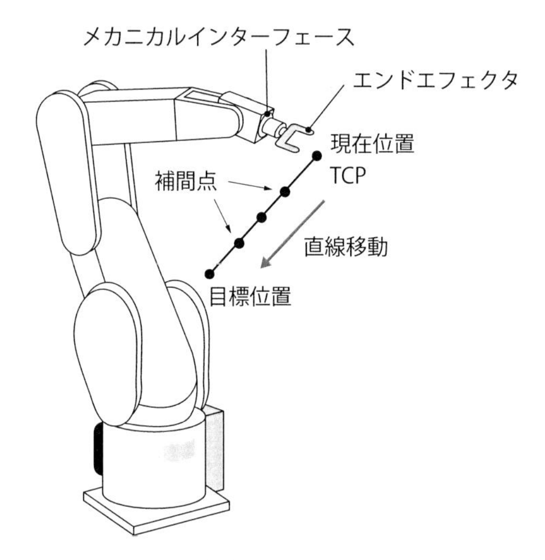

図2-9　直線補間による直線移動

10msecごとに次の点まで移動させるように各軸のサーボモータに指令値を与えます。これを100回繰り返せば、秒速1mで1mの直線移動が実現します（**図2-9**）。通過すべき点列は3次元空間上で計算されますので、現在位置から目的位置までの直線補間点列は、P_1（X_1, Y_1, Z_1, R_{x1}, R_{y1}, R_{z1}）、P_2（X_2, Y_2, Z_2, R_{x2}, R_{y2}, R_{z2}）……と連続した点列になります。

ここで、先ほど解説した逆運動学演算が必要になります。ロボットを移動させるためには直線補間の点列に対応した各軸指令値Θ_1（θ_{11}, θ_{21}, θ_{31}, θ_{41}, θ_{51}, θ_{61}）、Θ_2（θ_{12}, θ_{22}, θ_{32}, θ_{42}, θ_{52}, θ_{62}）……に座標変換し、10msecごとに各軸のサーボモータに指令値として与えるという仕組みです。

1980年代初期の8bitコントローラでは、定時実行の移動量演算タスクに加えて即座に対応すべき緊急停止タスクを割り込み制御で処理する程度でしたが、16bitコントローラになりCPUの性能が上がるとさらに多くの機能が実現できるようになります。たとえば、軌跡制度の向上、動作速度の高速化、ロボット言語処理、上位情報システムからの指令の受付、外付けのセンサからの入力情報処理、ディスプレイ画面の表示など、8bitCPUでは実現しきれなかった機能や性能にチャレンジすることとなり、さまざまなレベルのタスクも混在して実行できるようになります。また、複雑化したリアルタイムソフトウェアの開発には強力なデバッグ用ツールがないと手に負えませんので、いよいよRTOSの出番がやってきました。

1980年代前半から、製品としてのマイクロプロセッサ用のRTOSが出始めました。たとえばIPI社（Industrial Programming Inc.）のMTOSは当時代表的な16bitCPUのインテル i8086用、モトローラのMC68000用の製品がそれぞれ供給されています。8bitCPUで何とか動き始めた産業用ロボットは16bitCPUとRTOSにより、いよいよさまざまな機能と高性能化を競うようになりました。なお、32bitCPUも1980年代半ばには登場しましたが、産業用ロボットで本格的に適用されるのは1990年代からになります。

・ロボット言語とプログラミングツールの実情

ロボット言語については、先に各社各様の仕様でスタートしたことを紹介しました。その一方、言語としての完成度の追求と同時に、プログラミング負荷を減らすプログラミングツールの開発も始まりました。

1980年代には、日本産業用ロボット工業会でロボット言語の標準化も試みられJIS規格化もされましたが、残念ながら主流とはなりませんでした。初期成長期のロボットについてはメーカ側にもユーザ側にも将来到達できそうな理想像も多く語られた一方で、競争は始まったばかりで、しかも現実の技術レベルがまだまだ未熟であることを理解していましたので、標準化は時期尚早であるという意識があったと思います。また、塗装と組み立てのように用途が異なると、最適なプログラム言語やプログラミングツールも異なるという認識もありました。

ロボット言語については、その後も各社各様のまま現在に至っていますが、ロボット言語の開発にあたり、言語の記述能力のあるべき姿については、各社ともかなりの議論がかわされたと思います。しかし、ロボット言語としての理想を追求しすぎると、言語としての記述能力は高くなりますが、使いこなすためには専門知識が必要になり、実用性は失われます。そこで、各社のロボット言語は、言語体系としてはシンプル化に向かい、プログラミングツールで多様なプログラミングができるように工夫を凝らす方向に向かいます。プログラミングツールは、製品化されて間もないDOSベースのパソコン（Windowsの普及は1995年からなので、当時はシンプルなDiskから起動するOSで動くパソコンでした）のエディターでテキストプログラムを打ち込むような簡単な方法でしたが、用途に応じた対話型の入力支援機能のような工夫も始まりました。

当時から現在に至るまでのプログラミングツールの重要な課題として、第一にティーチング負荷の軽減、第二にプログラム結果を事前に検証するためのシミュレーションの実装があります。いずれも、ロボットのプログラミング時間と、現場での立ち上げ時間を短縮することを目的とした表裏一体の課題です。ロボットの動作は立体的で感覚的に把握しにくく、プログラムによっては思わぬ動きをする可能性もありますので、プログラミングの結果が思い通りの動作になっていることを事前に確認する必要があります。また、生産財であるため所定のタクトタイムで動作できるかどうかの検証として、動作の様子と動作時間のシミュレーションが必要です。シミュレーションの手段がない場合は、実物を実際に動かしてみるしか方法がありません。

また、アーム構造のロボットは非常に剛性が低いので、目的位置を与えてもロボットは正確に位置決めできません。たとえシミュレーションができても、現物のロボットはその通りに動いてくれないことになり、結局手間のかかる現物合わせのティーチングが必要になってしまいます。ティーチングは実際の製造現場で生産活動を止めて実施する必要があり、そのうえ電源が入ったままのロボットを操作するため危険も伴う大変厄介な作業です。

しかし、産業用ロボットが製造現場に受け入れられた背景の一つは、ティーチングという現物合わせにより、機械の精度問題や姿勢も含めた6次元空間の難しいプログラミング問題を回避できた点にあります。アーム型の垂直関節ロボットは、使い勝手の良い構造ですが、減速機などの機械要素を介した片持ち梁構造なのでアームのたわみなどが避けられず、機械の絶対位置精度は非常に悪い機械です（**図2-10**）。さらに機械ごとの個体差もあるので、実際に作業す

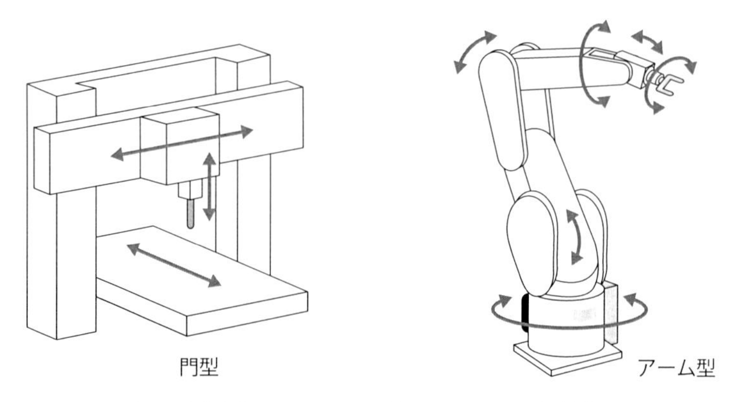

図2-10　門型構造のマシニングセンタとアーム構造の違い

る位置を正確に入力するためには、現物ロボットで現物環境、対象によるティーチングに頼らざるを得ません。代表点のみをティーチングして、その他は演算で求める方法などの提案もあり実際に現場で活用された事例も報告されていますが、ある程度条件がそろっていないと使えないので一般化は難しかったようです。現場では、結局のところティーチング名人が重宝されていました。

シミュレーションについては、当時の情報処理技術とハードウェアの能力では、現在のような手軽なシミュレーションシステムは実現困難でした。一部のロボットメーカや先進ユーザで、当時の3次元CADを代表するCATIAにロボットのモデルを入れてシミュレータとして利用したり、あるいはROBOCADのようにロボットに特化した高価な専用ハードウェアによるシミュレータを導入した例はありますが、使い勝手の良いシミュレータが手軽に使えるようになるまでまだ10年以上かかります*。ただし、商談の初期には営業サイドでも手軽に使えるタクトタイムの見積もりツールをDOSベースのパソコン上に実装するなど、さまざまな工夫もみられました。

＊　CATIAは、フランスのダッソーシステムズ社が開発し、1980年代から使われている3次元CADシステムの先駆的製品です。ROBOCADはイスラエルのテクノマティック社が開発した先駆的なロボット専用のシミュレーション＆プログラミングシステムです。

■ ロボットの駆動系と機構系

・電動サーボ技術

電動ロボット用のサーボモータとサーボアンプについても、1980年代に大きく進歩しました。1980年代初期の電動型ロボットの代表的な駆動系は、DCサーボモータと回転角度検出センサとしてインクリメンタルエンコーダ、あるいはアナログのレゾルバと回転速度検出のためのタコメータジェネレータなどを組み込んだサーボシステムでしたが、1980年半ばからACサーボモータとアブソリュートエンコーダの組み合わせが主流になります（図2-11）。

DCサーボモータは回転するコイルに電力を供給するブラシが摩耗して粉塵を発生するため、定期的な清掃と定期的なブラシ交換が必須でした。またインクリメンタルエンコーダは回転に応じてパルスを発生する検出器ですので、電源投入時にロボットの原点出しのために各軸を順次動かす原点出し動作をする必要がありました。原点出し動作とは、各軸の物理的原点として設置したリミットスイッチが入る位置を探すために、ロボットの各軸を順次に動かす動作です。初期のロボットは電源を入れると、各軸を順番に回して原点出しをする原点出しモードから始まりましたので、その動作のためにロボットが障害物に当たらないようなレイアウトを工夫する必要もありました。

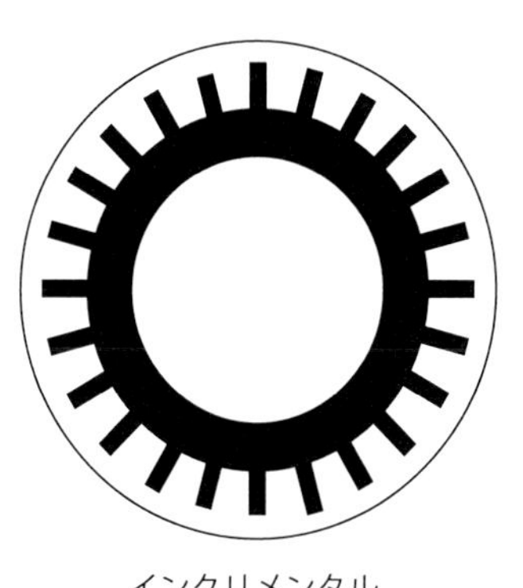

インクリメンタル

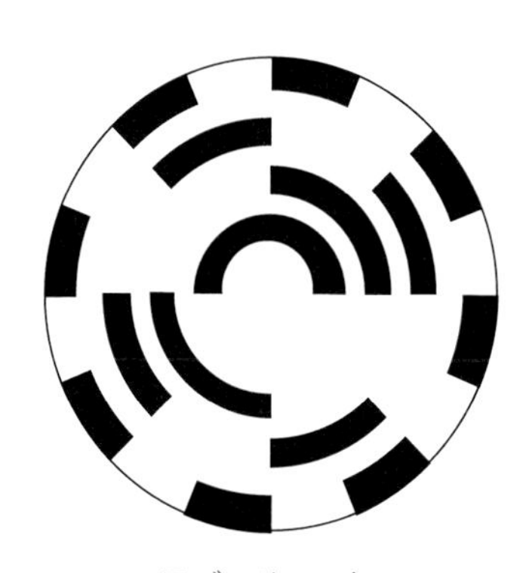

アブソリュート

図2-11　エンコーダの種類

1980年代初頭時点では、ACサーボモータもアブソリュートエンコーダも産業用途で使える十分なレベルにはありませんでしたが、1980年代のサーボ機器の要素技術とパワーエレクトロニクス技術の急速な進歩により、間もなく実用的に使えるようになり、ロボットの機能性能面で進化をもたらしました。

まず、サーボモータ用の磁石ですが、現在でも実用レベルとしては最強の磁石であるネオジム磁石が1983年に発明されています[5]。ネオジムはサマリウムと同様に希土類ですので原材料を輸入に頼る必要はありますが、サマリウムコバルト磁石より数10%強力で、フェライト磁石より一桁強い磁力が得られます*。

ネオジム磁石によりサーボモータの小型化と高性能化はさらに進みました。初期の多くのロボットが手首部2軸であった理由は手首の小さな機構にモータを3軸分組み込むことが困難であったことと、座標変換の演算負荷が大きいことにありました。しかし、モータの小型化とプロセッサの演算能力強化で1980年代後半には手首部3軸の構成が可能となり、5軸の垂直関節型ロボットはほとんど姿を消しています。

ACサーボモータは制御的にはDCサーボより難しいのですが、1980年代のパワー半導体と集積回路、電力変換制御技術など、パワーエレクトロニクス技術の進歩により、ロボット駆動系のAC化も進みました。パワーエレクトロニクス素子としては高耐圧、大電流、高速スイッチングの機能を備えたIGBT（Insulated Gate Bipolar Transistor）が1980年代に実用化され、小型のACサーボアンプが実現できるようになりました[6]。

集積回路技術の流れについても少し整理しておきます。1960年代に基本的

＊　磁石分野は日本人技術者が世界の中心的な役割を果たしています。世界初の合金永久磁石であるKS鋼は1917年、東北大学の本多光太郎・高木弘両博士による発明でした。フェライトは東京工業大学の加藤与五郎・武井武の両博士が1930年に発明しました。サマリウム・コバルト磁石は発明こそ米国空軍材料研究所のStrnatらによるものでしたが、実用化研究には多くの日本人技術者が関わり1978年に日本メーカにて実用化に成功しました。ネオジム磁石はサマリウム・コバルト磁石の研究者であった富士通の佐川眞人氏が、1982年に住友特殊金属に移籍後間もなく発明に成功し、1983年には製品化されています。

な論理演算回路を集積化したIC（Integrated Circuit）が実用化されてから、急速に集積化が進みました。1970年代がLSI（Large Scale Integration）の時代と言われ、その代表的な成果としてマイクロプロセッサが登場しました。1980年代はさらに高集積度化されてVLSI（Very Large Scale Integration）の時代と言われるようになり、メモリーの大容量化や、マイクロプロセッサの高速高機能化が進みました。

1980年代の大きな特徴としては、高集積度化もさることながら、目的用途に応じた機能別電子回路が供給できるようになったことです。もともと集積回路は汎用大量生産品に向く製造方式でしたのでメモリICなどの汎用品のコストダウンが進みました。一方で周辺回路もすべてワンチップ化できれば極端な

ICの呼称

集積回路は集積度が大きくなるにしたがって、呼称が変わりました。ICは基本的にディジタル論理演算回路で、NOT、ANDなどの論理ゲート、その組み合わせのNAND回路などで構成されていますので、ICに内蔵している論理ゲート数で集積度を表現していました。

1970年代に、論理ゲート数10以下をSSI（Small Scale Integration）、10～100をMSI（Medium Scale Integration）、100～10000をLSI（Large Scale Integration）と呼称するようになりました。さらに1980年代の1万～10万ゲートをVLSI（Very Large Scale Integration）、1990年代には10万ゲートを超えるものをULSI（Ultra Large Scale Integration）と呼称するようになりました。その後、100万ゲートを超えるものも登場して集積度はさらに増大し、もはやゲート数の区分にこだわることに意味はなくなりました。一般的な集積回路の総称としてはLSIが多用されるようになり現在に至っています。

省スペース・省エネが図れるなど、目的に応じたカスタム仕様にこそ大きなメリットが生まれる、という期待もありました。そのため1980年代に生まれた特定用途向け集積回路として、ASIC（Application Specific Integrated Circuit）やFPGA（Field Programmable Gate Array）の製造技術とそれを支援するLSI設計用CADの発達はこの期待を実現して、集積度向上をさらに加速しました。このようにして1980年代にはさまざまな目的のLSIが入手できるようになり、ACサーボ制御回路もその恩恵を受けることとなりました。

・機械機構系の技術

1980年代の機械機構面では、ロボット専用機構部品の進化が見られます。電動型ロボットの嚆矢であるIRB 6や初期の電動型ロボットで見られたような、第二軸、第三軸をボールねじで駆動する構造（図1-2を参照）は減速機とサーボモータの高性能化により、ボールねじを介さずに直接各軸を回転駆動する構造に変わりました。機械構造がすっきりとしたものになり、さらに部品点数の削減とコストダウンも図られました。

電動型ロボットの各軸の駆動機構は、エンコーダ付きサーボモータ、減速機、軸受で構成されています。1980年代の減速機と軸受について概観してみましょう。

初期の電動サーボ型ロボットで多用された減速機は、ハーモニックドライブ（ハーモニック・ドライブ・システムズ）とサイクロ減速機（住友重機）です。ロボット用の減速機に求められるのは、高い減速比がコンパクトな構造に納められていることです。加えて急加速、急減速、正逆回転の切り替えなど、高い負荷に耐え、バックラッシ*が小さく、角度の伝達精度が高いことが要求され、減速機としてはかなり厳しい条件になります。そのため、ロボットに使える減速機はごく限られた製品になります。さらにロボットの機械性能向上と

＊　バックラッシは、歯車のかみ合い上の隙間、いわゆる「あそび」のことです。これが大きいと正逆回転切り替え時に「ガタ」が発生しますので、ロボットの動作精度に悪影響を及ぼします。角度の伝達精度は、高速回転をする入力軸と減速後の回転出力軸間の精度のことで、この誤差が大きいと、モータは正確に制御できていても、ロボットは正確に動きません。

ともに、ロボット専用仕様として減速機にも進化が求められるようになります。このように、日本のロボットに関する機械技術の強さは、ロボットの性能を左右する重要機構部品の進歩と、ロボットの機能性能の向上が同時に進められたことにより、双方に使う技術と使われる技術が同時に蓄積されていったことにあります。

ハーモニックドライブは、楕円型のウエーブジェネレータが、外歯歯車を刻んだ薄肉の金属弾性体フレックススプラインの中で高速回転し、これと噛み合う真円剛体のサーキュラースプラインの内歯歯車との歯数の差でサーキュラースプラインが低速で回転する、という非常にユニークな原理の減速機です（**図2-12**）。複数の剛体歯車を組み合わせた他の減速機とは異なる非常にユニークな減速機であるため、当初は有効な適用先が見つかりませんでしたが、電動型産業用ロボットの登場により大きな市場が開けました。小型ロボットの各関節軸やロボットの手首など、コンパクトな構成軸には標準的にハーモニックドライブが使われるようになりましたので、1980年代にはロボット向けの仕様として改良が進み、洗練されたものになっていきました[7][8]。さらに、新たにRV減速機が1985年に開発されました。もともとは耐衝撃性や振動抑制に適し

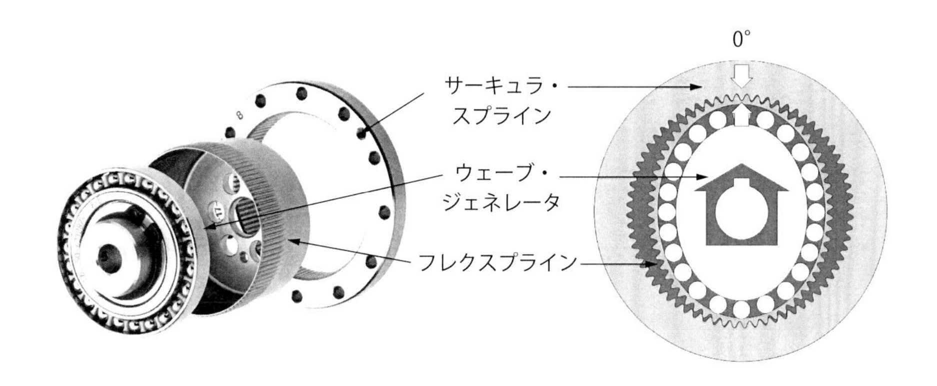

ハーモニック・ドライブ・システムズ提供

図2-12　波動歯車減速機（ハーモニックドライブ®）の機構

ハーモニックドライブ®は、株式会社ハーモニック・ドライブ・システムズの登録商標です。

ている油圧建設機械用の減速機を高精度化したものです。それをロボット専用に設計した減速機で、高い負荷トルクのかかる軸に採用されるようになりました[9]。

軸受は、回転部分のある機械に必要な要素部品です。日本の得意とする部品で、標準品や特殊用途品などで高いシェアを持つ多くの企業があります。日本での軸受生産規模は1970年にはおよそ2000億円でしたが、20年後の1990年には6000億円を超えています[10]。

産業用ロボットでも各回転軸には必ず軸受を使用しています。胴体の旋回軸以外は、径が100mm以下の一般的な精密ころがり軸受を使用していますが、胴体の旋回には径が数百mmを超える大きな軸受を使っています。垂直関節型ロボットでは、重い荷物を持ってアームを伸縮させたり旋回させたりするので、胴体部分にかかるモーメント荷重は大きく変動します。そのため大きな径で支え、さまざまな方向からの荷重に耐えて安定して運転できる軸受としてクロスローラベアリングを採用しています。これらの精密機械要素部品の性能と信頼性向上により、機械としての産業用ロボットは1980年代末までにかなり完成度が高まりました。

1-3　1980年代のロボット産業に関わるトピックス

■ FA：ファクトリー・オートメーション

1980年以降、FAは日常的に語られるようになりました。工場の自動化、Factory Automationという意味でのFAは、1950年代に紙テープベースのNC工作機械が開発されたころから使われはじめましたが[11]、当初は手作業に対する機械化のイメージでした。CNC工作機械*や産業用ロボットなどのプログラマブルな生産財が実際の製造業現場に導入され始めた1970年代後半ごろか

*　CNCはCPUを搭載した制御装置によるComputerized Numerical Controlの略称で、それまでの紙テープベースのNCと区別した呼称です。現在ではCPUを搭載したプログラマブルな工作機械が当たり前になっていますので、あえてCNCとは言わずNC工作機械と総称しています。

ら、本来の自動化をイメージしたFlexible AutomationとしてFAが語られるようになりました。

1980年代の後半、製造現場の自動化に関して多く議論された考え方として、FMS（Flexible Manufacturing System）とCIM（Computer Integrated Manufacturing）がありました。FMSは従来の大量生産ラインに対して多品種少量生産を意図し、Flexibleを強調した生産システムを意味しています。CIMは生産管理をコンピュータで一元管理することにより、生産や技術に関する製造現場の各種情報を可視化、共有化して生産効率の向上を図る生産システムを意味しています。FMSもCIMも現在ではあまり使われない呼称になっていますが、ともに製造業の生産システムとしては当然の考え方となったためです。現在では一般論ではなく、たとえば「セル生産」や「MES（Manufacturing Execution System）」のように、目的や形態に応じて具体化された考え方に展開されています。

当時のFMSやCIMは多少理想論的なイメージで語られることが多く、1980年代当時の生産財や生産技術が必ずしもそれを実現するために十分とは言えませんでした。そのため実際の製造現場では部分的にしか実現できませんでしたが、それまでの機械化という意味での自動化とは一線を画するイメージを形成し、フレキシブルな自動化に向かう端緒となっていました。

FMSで語られたイメージを少し紹介します（**図2-13**）[12]。主な構成要素は、NC工作機械やロボットなどのプログラマブルな生産機材、AGV（Automatic Guided Vehicle：自動搬送車）などによる部品部材の供給システム、各機材をネットワークで接続したコンピュータシステムが大きな要素です。CAD/CAMの実用化、大量生産ラインと異なり混流される生産対象ワークの識別情報や認識のためのビジョンセンサ、多品種製品に対応した検査の自動化なども重要な要素とされています。

1980年代の製造業で、最もレベルの高いFAを実現していたのは、半導体製造工場です。1980年代の日本の半導体産業と半導体製造装置産業は、世界市場で最も存在感を示した時期です。1980年代後半には日本の半導体メーカ、

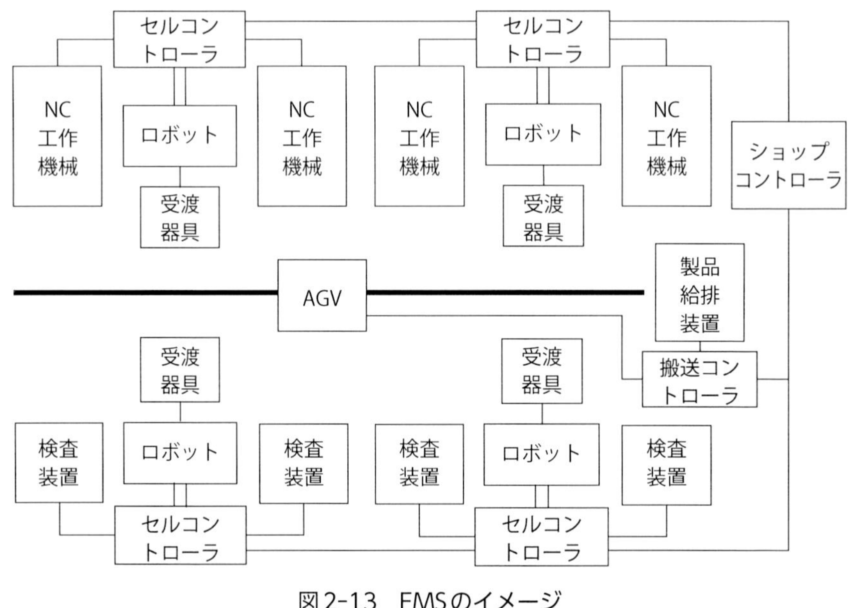

図2-13　FMSのイメージ

半導体製造装置メーカともに世界売上ランキングの上位を占めていました[13]。

半導体製造工場は、シリコンウエハ上に無数の半導体で構成されたICを作りこむウエハ処理工程、これをチップに切断してICパッケージに納める組立工程、そして検査工程で構成されていますが、他の一般的な加工・組立工場のような手工業から機械化、自動化に向かって進化した製造現場とは異なり、最初から半導体製造装置が決定的な役割を果たす製造現場です[14]。

特にウエハ処理工程は、物理化学プロセスを繰り返し行います。ウエハは装置間を巡回しながらそれぞれの装置で所定のレシピに従って処理を受け、半導体が作りこまれていきます。さらにはレベルの高いクリーン度を維持する必要性から人の介在を極力排除する必要がありましたので、CIMやFMSが前提の製造現場でした。

1980年代のウエハ処理工程では、半導体製造装置で行われる物理化学プロセスの工程管理や装置間の搬送管理のCIM化が進められ、日本の半導体産業全盛期の一助となりました。製造現場では、半導体製造装置間を巡回するAGVがウエハカセットを搬送し、装置側ではロボットが待ち構えていて、受けとったカセットからウエハを取り出し装置内に投入するという搬送系が構成されますので、1980年代後半からはクリーンルーム対応のロボットの市場も始まりました。

■ 海外市場への布石

産業用ロボットは米国発祥ですが、現在の米国のロボット市場では日本製が圧倒的です。2021年の全世界から米国向けに出荷された3万5000台のうち3万3000台が日本からの輸出ですので、実にシェア94%を占めています。その日本製の中でも、ファナックが圧倒的なシェアを占めています。この背景にあるのは、ファナックとGMが1982年に設立したGMFanuc（GMFanuc Robotics Corporation）の存在にあります。

設立のきっかけは1981年11月にGM側から打診があったことでした。1982年3月に合弁調印、6月に合弁会社設立という、電光石火の展開となりました。しかも出資率はファナック50%、GM50%の対等で、ロボットの共同開発、販売、サービス、ロボットシステムの製造という事業内容となっており、初期のファナックのロボット事業にとっては、大きなドライビングフォースになりました[15]。

当時米国のロボット市場では欧州のASEA、米国のシンシナチミラクロンとユニメーション*がロボットを販売しており、そこにGMFanucが参入したという状況になりました。米国の市場規模は、その他の現地中小のロボットメーカを加えても1億ドル余りでした。

GMFanucは1984年には早くも売上1億ドルを超え黒字化を果たし、米国ロボット市場で25%を獲得してトップシェアとなりました。その後、1980年代末までに、ユニメーションとシンシナチミラクロンの米国メーカ2社が退場

---

* ユニメーション社は、1984年に米国ウェスチングハウス社に買収され、さらに1988年には現在でもロボット事業を継続している欧州のストーブリ社に売却されています。

し、GMFanucは米国で圧倒的なシェアを獲得するに至りました[16][17]。

また、黒字化を果たした1984年にはGMFanucの100%子会社として、西ドイツにGMFanuc Europeを開設し、ヨーロッパでも販売網を発展させています。1991年に、GMが自動車産業に資本を集中させるという意図でGMFanucから資本を引き揚げたため、GMFanucはファナックの100%子会社としてFanuc Robotics North AmericaとFanuc Robotics Europeに改称し、欧米をカバーする販売、サービス拠点が完備されました。

なお、GMFanucは、ファナックにとって海外市場への布石となった以上に、GMとの共同開発が大きな効果をもたらしました。高可搬の垂直関節型6軸ロボット、ロボット言語KAREL、オフラインプログラミングシステムのROBOGUIDEなど多くの成果が、1980年代のファナックの製品開発に大きなアドバンテージをもたらしています[15]。

■ ロボット関連の標準化と法整備

標準化活動は、市場の初期成長期において、業界横断的に推進すべき重要な活動です。日本産業用ロボット工業会では1980年代に産業用ロボットの定義や試験方法などの業界標準を作成するところから始めました。まず業界規格JIRASを作成し、必要に応じてJISに展開するというプロセスで規格化作業が進められました。

また、1980年代にはロボットに関する国際規格ISOの充実も始まりました。1983年にISOに自動化分野の標準化に関する技術委員会（TC184）の第一回総会が開催され、ロボットの標準化を担当する第2小委員会が設置されました(ISO/TC184/SC2)、ロボット産業がいち早く立ち上がって世界をリードしていた日本も積極的に参加し、国内での議論を国際規格に展開する活動を意欲的に進めた結果、ISOのロボット関連規格の枠組みは1990年までにはおおむね整備されました[18]。その後はロボットに関する規格はISOで整備し、JISに翻訳規格として展開する流れになっており、重要な規格については世界共通で語れるようになっています。

現在に至るまで重要な課題であるロボットの安全にかかわる標準化についても、1980年代にスタートしています。産業用ロボットによる死亡事故は、ロボット普及元年から間もない1981年に早くも発生しています[19]。これを機に、1982年7月に労働省（現厚生労働省）による「産業用ロボットの実態調査」が実施され、その結果、過去にも死亡事故2件を含む11件の労働災害、37件の危険事例があったことが判明しました[20]。その後専門家による議論を経て、1983年に「労働安全衛生規則 第2編 安全基準 第1章 機械による危険の防止 第9節 産業用ロボット」（第150条の3～151条）が制定されました。産業用ロボットは動力を有する産業機械なので、労働安全衛生規則の一般機械としての適用を受けることは当然のことですが、それに加えて産業用ロボットの特殊事情として

・機械構造が複雑で、危険部位のカバーなどの安全措置が充分に実施できない
・教示作業など、運転状態の機械と人が共存する危険な作業が必ず発生する

の2点を考慮して、

・原則として隔離
・教示、検査の共存作業時には特別な安全対策

が規則として明示されました。さらに製造現場でロボットの操作が必要な作業者に対する特別教育義務などが規定されました。

安全に関する国内規格としては、同じく1983年にJIS B 8433「産業用マニピュレーティングロボット－安全性」が制定されました。JIS B 8433の初版は、現在の安全規格のようなリスクアセスメントやシステムインテグレーションに関わる内容はまだ反映されておらず、一般機械と類似の安全対策について規定したものでした。その後の安全関連の法規や規格は、技術進歩や安全にかかわる考え方の変化に適合するように更新されていきます。

1980年代にもう一つ盛んに議論された標準化活動として、ロボット言語の

標準化があります。当時、発売された産業用ロボットは各社各様のロボット言語を搭載して、不統一な状態でスタートしましたが、実はロボット言語が産業用ロボットの普及に大きな役割を果たすであろうことはロボット普及元年以前より認識されていました。1976年には早くも日本産業用ロボット工業会、日本機械工業連合会の合同でロボット言語調査研究がスタートしています[21]。先に紹介したように、海外で先行していたロボット言語開発の調査、それを参考にした標準言語仕様の試作設計と基礎評価などを行っていましたが、1980年代にはロボットの開発競争は既にはじまっていますので、各社各様のロボット言語を搭載したロボットが相次いで発売されました。

そこで、1982年には日本産業用ロボット工業会にロボット言語標準化委員会が設置され、ロボット言語標準仕様の作成が開始されました。委員会では、2段階の言語仕様が検討されました。一つは表面言語仕様であるSLIM（Standard Language for Industrial Manipulators）で、ユーザがロボットの動作を記述するための言語仕様です。SLIMの仕様については、シンプルな基本形に絞りこむべきか、ロボットの機能を最大限に活かすために高い記述能力を持たせるか、委員会内でも意見の分かれるところでしたが、結局は計算機言語になじみの薄い現場技術者にも理解できるBASIC風の仕様でまとめることとなりました。

この議論は、各社におけるロボット言語仕様の開発でも同じ議論があったと思われます。ロボットの高度な能力を活かそうとすると、将来の技術進歩まで考慮して構造化言語の体系でなおかつ並列動作まで考慮すべきですが、広く使われるためには誰にでもなじみやすい体系にすべきで、ここは大いに悩むところです。しかも、当時の技術ではごく初歩的なものでしかなく、将来実現できる高度な能力を見通せる状況にはありませんでした。表面言語仕様のSLIMが普及しなかった理由もこのあたりにあると思います。

2段階のもう一つは中間言語体系のSTROLIC（Standard Robot Language in Intermediate Code）です。コントローラに対する実行命令コード体系で、計算機言語のオブジェクトコードに相当するものです。実行命令コードが標準化されていれば、表面言語が多様であっても問題はありません。しかし、ロボット言語の製品化を終えたロボットメーカではすでに中間コードの体系はできており、あえて標準仕様に合わせる必要性は感じられませんでしたので、こちらも結果として普及はしませんでした。

しかし、これらの活動の意義は、標準化された表面言語と中間コードが普及するか否かではなく、産業用ロボットの最もシンプルな制御システムの構成を提示したことにあると思います。最も得るものが多かったのはこの議論に参加し、後に各社の産業用ロボット事業で中心的役割を果たした若手技術者だったかもしれません。SLIMとSTROLICは1989年に業界標準JIRASとなり、1992年にSLIM、1995年にSTROLICがJIS化されています。

1-4　1980年代はロボット産業にとってどんな時代だったのか

ロボット普及元年から最初の10年は、産業用ロボットがひとつの生産財産業として国際社会に定着した時代となり、国際的にも日本がロボット大国であることが強く認識づけられました。自動車産業と電機電子機器産業が日本の製造業のけん引役となり、国際競争力を発揮して安定成長をもたらした時代で、この二つの産業が特にロボットの有効活用に積極的でした。両方とも生産技術に長けた産業であり、当初は機能性能的に未成熟な製品であった産業用ロボットに対し、厳しい要求を提示することで適切な開発目標となり、産業用ロボットを鍛え上げる役割を果たしました。

技術面では、1980年代は生産機械としての産業用ロボットを、機械製品として完成度を高める期間となりました。電動自動機械として必要な機械要素とパワーエレクトロニクス技術の進歩と相まって、産業用ロボットの基本性能は10年間で大きく向上しました。ただし、頭脳部を構成するマイクロプロセッサを中心としたハードウェアと、その能力を活かす情報処理技術はまだ発展途上にあり、生産機械として満足のいく制御能力や情報処理能力を得るには、次の時代を待つこととなります。

また、ロボット産業は社会的に大きな期待のもとにスタートし、多くのメーカから多種多様なロボット製品が登場しました。多少は過当競争の様相をみせつつ、技術的、事業体制的な優劣が明らかになり始めた1980年代後半にはメーカ淘汰が始まっています。

2　産業用ロボットの成長停滞（1990年代）

1990年代初頭に迎えたバブル経済崩壊によって、戦後40年近く続いた経済成長は足を止め、その後の日本経済は停滞期に入ります。産業用ロボットの出荷台数は、普及元年からの10年間で出荷7万台規模まで順調に伸びを見せましたが、1991年は対前年3.3％の軽微なダウンでした。しかし、1992年は対前年28.9％の大幅なダウンとなりました。その後20年の長期にわたり出荷が9万台を超えることのない停滞期に入ります（図2-14）。

産業用ロボットのような生産財産業は、景気変動により変化する製造業の設備投資意欲に強く左右されます。産業用ロボット市場で普及元年以降、対前年比で20％を超える出荷台数の大幅ダウンを経験したのは、バブル崩壊時以外に、2001年のITバブル崩壊時の44％ダウン、2009年のリーマンショック時の58％ダウンと、2回ありました。一時的な景気悪化であれば、いったん中断した設備投資計画は景気回復とともに再開されます。2001年と2009年はともに半減と言えるほどの大幅減でしたが、両方とも翌年には元の水準に戻っていますので、一時的な受注減で本質的な需要減ではありませんでした。

しかし、バブル崩壊時は出荷の減少幅こそ小さかったものの、日本経済の変曲点で製造業そのものの大きな変化を反映した需要減でした。製造業にとってバブル崩壊は、金余りが招いた一時的なバブル経済の破綻がきっかけにはなっていますが、長く続いた成長に限界が訪れ、これを契機として、たまっていたマイナス要素が表面化したという経営環境の変化でした。産業用ロボット市場は1990年代の前半と後半で多少景色が変わります。前半は出荷減少が続く中で、改めて生産財としての産業用ロボットの本来の価値を見直すこととなりま

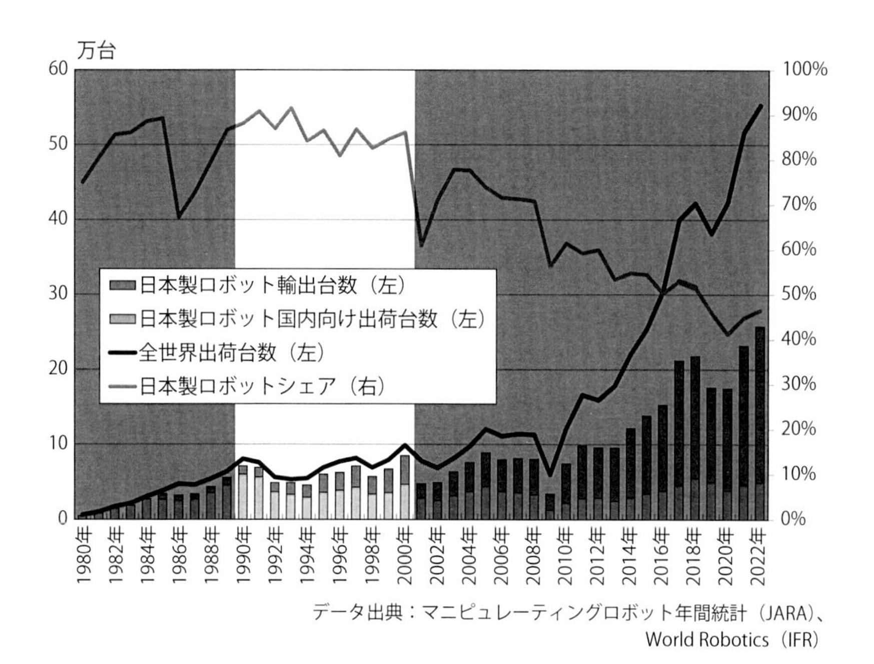

図2-14　1990年代の日本製ロボットの出荷台数

した。後半は輸出拡大により市場は回復基調となり、いよいよ市場のグローバル化が始まります。

バブル崩壊により製造業の設備投資は、厳選されたものに絞られる傾向が強くなりました。自動化投資についても、投資対効果が厳しく問われるようになり、目的成果に対する投資の妥当性、導入設備価格の妥当性などが厳しい評価の対象になります。1980年代のロボット需要には将来的な期待も多く含まれた前向きなものでしたが、バブル崩壊以降は現実の設備投資効果に見合う需要に絞り込まれました。

ただし、この厳しい状況は、産業用ロボットの本来の価値を見直す良い機会になったと、ポジティブに捉えることもできます。厳しい市況となった1990年代にはロボットメーカの淘汰も進み、日本ロボット工業会の正会員数も30%減少しました。一方、生き残ったメーカ各社では適用分野の拡大と、海外市場開拓など新たな市場を求めた活動、さらにそれら新市場に対応した販売体制や保守体制など事業体制の強化が進みました。

また、情報化が急速に進んだことにより、社会のインフラや仕事の進め方が大きく変わったことも1990年代の特徴です。Windows95の発売やIBM PC/AT互換機の世界的普及など、その後のパーソナルコンピューティング時代を象徴する動きは1990年代に始まっています。Windows95にはインターネット通信プロトコルのTCP/IPやインターネットコンテンツの閲覧ソフトウェアであるWebブラウザなどが搭載されており、それまで限定的に使われていたインターネットが一気に普及するきっかけとなりました。パソコンやインターネットの普及は、オフィスや工場の光景も一変させています。

パソコンの普及

製品としてのパソコンは1970年代末から発売されていますが、生活や仕事の必需品になるにはソフトウェアも少なく、ユーザもごく限定的でした。ハードウェアも日本電気製のPC-98シリーズが日本語対応仕様で大きなシェアを占めており、ローカルなパソコン文化を形成していました。

一方、IBMのパソコンアーキテクチャを継承したPC/AT互換機と言われるグローバルスタンダードを形成し始めていました。日本でも1980年代末期にPC/AT互換機で日本語を実現する仕様の開発が進み、グローバルスタンダード機種が発売されるようになりました。PC/AT互換機の日本語化はシングルタスクOSであるDOS/Vで実現されたものでしたが、1995年にマルチタスクOSのWindoes95が登場したことで、ソフトウェアがハードウェアの制約から一気に解放されました。これを機に多様なアプリケーションソフトウェアが大量に発売されるようになり、1990年代末期には机の上にパソコンが並ぶのが標準的なオフィスの光景になりました。

産業用ロボットの技術進化においても、1980年代が電気、機械技術を中心とした機械製品としての進化が中心であったのに対し、1990年代はそれに加えて、情報処理と電子制御技術などのソフトウェアに関連する技術が大きく進歩しました。それに合わせて生産機械としてのロボットも完成度が高まっていきます。

2-1　1990年代の産業用ロボット市場の展開

■ 汎用的技術開発から専用能力の追求へ

設備投資が絞り込まれ、かつ投資の妥当性を厳しく問われる事態となると、当然のことながら価格に対する要求は厳しくなります。しかし、産業用途は何らかの競争力強化が目的であるため、安ければよいということではありません。重要なのはコストパフォーマンスです。

産業用ロボットを製造現場に導入する目的は明確です。購買側は、目的を満たす必要最低限のパフォーマンスをそれに見合った価格で求め、より安価であればそれに越したことはない、という費用対効果を志向することになります。1980年代のロボット需要にはある程度のチャレンジ要素もありましたが、設備投資が絞り込まれた1990年代には、その尤度は小さくなり、より直接的な目的達成志向が強まりました。

産業用ロボット市場の初期には、さまざまな用途に転用できる汎用的な期待も多く語られました。しかし現実には同じロボットを、たとえば板金工場と半導体工場で使いまわすという使い方はありえません。目的とする用途に適した仕様が充実していることの方が重要です。1990年代のコストパフォーマンスの追及は必然的に、汎用型よりも用途特化型を求める流れを加速しました。

もちろん、1980年代のロボット市場にも総合的なロボット技術向上を目指した汎用的ロボットだけでなく、用途特化ロボットの両方の事業は存在していました。1980年代からの用途特化ロボットの代表例は樹脂成形機からの取り出しロボットです。現在でも年間出荷台数の5%前後を占めるシンプルな直交型である、樹脂成形機からの取り出しロボットは、1980年代の市場立ち上がりの初期から用途特化型ロボットとして当時の出荷台数の30%以上を占めていました。ロボットというよりは、むしろ樹脂成形機のオプション機器という位置づけの特殊な事業形態です。

1990年代にクローズアップされた用途特化型ロボットの一つが、半導体や液晶パネルなどフラットパネルディスプレイ*の搬送用のクリーンロボットです。クリーンルームで使用することを目的とした特殊な構造のロボットは1980年代の後半から登場し、半導体と液晶パネルの世界市場が大きく動いた1990年代に出荷台数を大きく伸ばしました。クリーンルーム用ロボットの作業は比較的単純な半導体ウエハやフラットパネルディスプレイ基板ガラスの搬送でした。ただし、ウエハやガラスの上のクリーン度が求められるため、ロボット自体から機械の摩耗粉などの異物が出ないようなシール構造や、ワーク面に異物が落下しないような機械構造などの特殊な機械設計が必要でした（**図2-15**）。樹脂成形機からの取り出しロボットやクリーンロボットは、機械の構造そのものが特殊な用途特化型ロボットです。

標準的な構造である垂直関節型ロボットも用途に応じたバリエーションに進化していきます。機械系のバリエーションとしては用途に応じた軸数、アーム長、可搬質量、さらに作業環境に対応した製品としてシリーズ化されます。機械系だけではなく制御能力についても用途ごとに重視する仕様は異なります。たとえば、アーク溶接やシーリングなどでは軌跡精度が要求されますが、スポット溶接や組立、ピックアンドプレース作業では停止精度や高速移動が要求されます。それぞれの用途に応じて、制御方式として重視する仕様は異なります。また、この年代は情報処理技術の進歩を背景として、プログラミングツー

＊　フラットパネルディスプレイ（FPD）は、ブラウン管（CRT：Cathode Ray Tube）に代わる薄型の映像表示装置の総称です。一般的には液晶と言われている薄膜トランジスタ型液晶ディスプレイ（TFT-LCD：Thin Film Transistor-Liquid Crystal Display）、プラズマディスプレイ（PDP：Plasma Display Panel）、有機ELディスプレイ（organic electro-luminescence）が代表例です。大多数の薄型テレビ、ノートパソコン、タブレットパソコン、スマートフォンには液晶が採用されていますが、一部屈曲が可能な有機ELも採用されています。

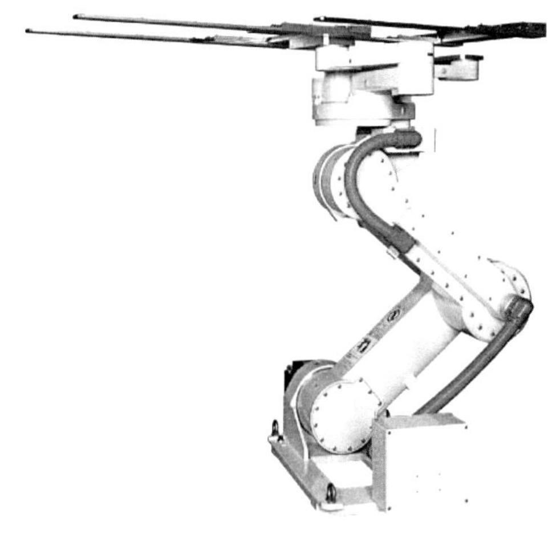

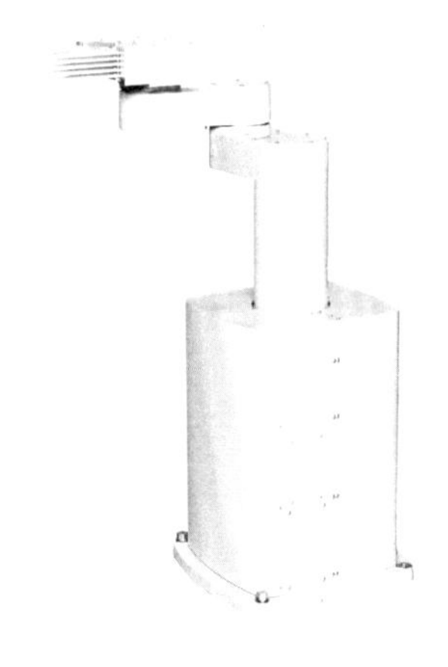

大型液晶ガラス基板搬送用　　半導体ウエハ複数枚搬送用

三菱電機提供

図2-15　クリーンロボットの例

ルなどのロボット関連ソフトウェア製品も進化しました。当初はテキストエディタを基本としたプログラミングツールも、用途に応じたヒューマンマシンインターフェースを備えたツールとして洗練されていきます。

■ 市場のグローバル化が始まる

1990年代初頭に20%前後であった日本製ロボットの輸出比率は、1998年に40%を超えました。国内需要の低調が続く中で、日本のロボットメーカは海外市場開拓に向かいます。日本製ロボットの1990年代の輸出拡大は、特に日本の製造業の海外生産拡大に伴う、現地工場向けロボットの出荷増が大きく影響しています。日本製ロボットの輸出比率は、1990年代初頭には20%以下でしたが、10年後には50%近くまで拡大しました。

全世界の需要構造の変化で見ても、1980年代の日本の圧倒的な需要シェア70%は、1990年代終盤には45%まで低下しています（**図2-16**）。後に爆発的に需要が拡大するアジア向けは当時はまだ10%以下です。当時の需要国は韓国、台湾、タイ向けが中心で、需要拡大の兆しはあったのですが、韓国とタイは1997年に発生したアジア通貨危機による大きな経済ダメージを受け、台湾は直接的な影響は受けなかったものの、アジア需要は沈静化してしまいました。

1990年代にはロボットメーカの淘汰が進み、生き残ったロボットメーカはそれぞれ特徴が明確になっています。海外では、欧州勢のABBとKUKAが自動車産業を中心とした事業展開で群を抜いて売り上げを伸ばし、世界のビッグ4を形成しています。世界のビッグ4の残りは、ファナックと安川電機の日本勢トップ2社で、こちらはともに自動車ユーザに強みを見せて成長してきました。日本市場では次いで、川崎重工業と不二越が同じく自動車ユーザに強みを見せてトップ2を追っています、川崎重工業はユニメーションの国産化以来のロボット老舗メーカ、不二越は油圧ロボットからスタートした大型ロボットを得意とするメーカです。

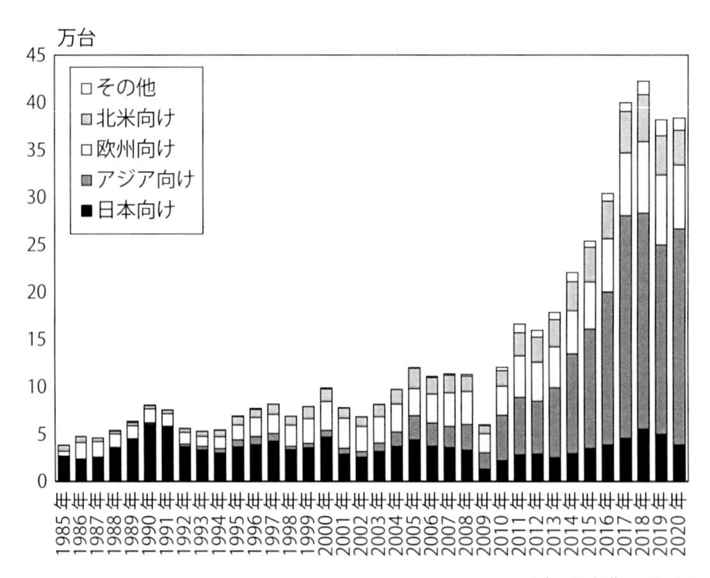

データ出典：World Robotics（IFR）

図2-16　全世界のロボットの出荷先地域別台数推移

ファナック、安川電機、川崎重工業、不二越はいずれも大型ロボットによる塗装、溶接、マテリアルハンドリングなどを得意とするメーカですが、小型ロボットによる組立やピッキング用途などへの展開も見せています。小型組立に強みを見せるメーカは自社の現場で鍛えられた電機品メーカを中心とした、三菱電機、デンソーウェーブ、セイコーエプソン、ヤマハ発動機などです。以上のロボットメーカは基本的に総合ロボットメーカで、それぞれ得意とする分野を中心として、多様な分野への展開を目指しています。

用途に特化したロボットメーカとしては、溶接ロボットで、ダイヘン、神戸製鋼所、松下産業機器（現パナソニックインダストリー）、樹脂成形機からの取り出しロボットで、スター精機、ユーシン精機などが当時の日本ロボット工業会の会員リストにみられます。

RISCプロセッサ

RISC（Reduced Instruction Set Computer：縮小命令セット型プロセッサ）はCPUの命令を短くして長さを合わせた、比較的単純な組み合わせで演算を実現する方式です。マイクロプロセッサが解釈できる機械語で書かれた命令体系を命令セット（ISA：Instruction Set Architecture）といいます。通常、プログラマがプログラミングする言語は、目的に応じて演算内容を記述しやすい言語とします。たとえば組み込みソフトウェアであればC言語系や、パソコンなどで簡易に使えるBASICなどの高級言語です。これらの高級言語は、コンパイラやインタープリタにより、プロセッサが解釈できる0と1で書かれた機械語で構成される命令セットに翻訳されます。

プロセッサは内部のクロックサイクルごとに、命令セットの読み込み、実行を繰り返すことでさまざまな演算を行います。8bit、16bitとbit数があがるにつれ演算が高速化されると、一度のクロックサイクルで処理できる命令数が増えます。さらに年代とともにクロックサイクルも早くなりますので、より高速な演算ができるようになります。マイクロプロセッサの命令セットはbit数が上がり能力が高くなるにしたがって、複雑になってきました。高級言語のインストラクションに近い処理を実行できるような命令が加わるなど、処理に複数クロックを費やすような長い命令セットも増えました。

ところが、複雑な命令セット１つを解釈して実行するより、１クロックサイクル以下で実行できるように長さを調整した単純で短い命令セットで同じ演算を実行した方が、処理が速くなるということもわかっていました。複雑な命令セットでも、最終的にプロセッサが実施しているのはレジスター間での算術演算やビット操作、メモリーなどへのアクセスなどです。すなわち、複雑な命令セットと同じ処理を、多くの機械語命令でも記述できるのです。昔はメモリーの値段が高く、保管する翻訳されたプログラム全体をなるべく小さくしたいというニーズがあったようですが、メモリーも安くなりましたので、64bitの時代ではRISCが主流になっていきました。

2-2　多関節型ロボットの高度な制御技術

産業用ロボットの普及当初より、ロボットの高速高精度化は常に求め続けられましたが、1990年代末には、マイクロプロセッサのさらなる演算能力向上により多くの用途の要求をクリアできるレベルに達します。ロボットコントローラに搭載されるCPUは32bit、64bitRISCと進み、さらにはマルチプロセッサ化などのシステム技術により、もはやCPU個々の演算能力は重大な問題ではなくなりました。それよりも、開発環境やRTOSを含むCPUシステムとしての使い勝手の方に関心が移ります。開発部門にとっては、開発すべきソフトウェアの規模の飛躍的な巨大化に対応するためのソフトウェア開発管理やプロジェクト管理の能力が問われるようになっていきました。

1980年代の産業用ロボットの機械としての性能向上は、機械技術面によるものが中心でしたが、1990年代の性能向上は、コントローラの強力な演算能力が、各種の制御補償を可能としたことによるものです。補償とは機械としての弱点をソフトウェアで補うという機能で、さまざまな補償が組み込まれることにより、機械構造の工夫だけでは実現できない機能や性能を備えたロボットが実現することとなります。

各種の制御補償が可能となった最大の背景は、ロボットコントローラが制御対象ロボットの機械としての特性モデルを持てるようになったことにあります。機械としての特性モデルとは、ロボットの各部の寸法や軸構成を表現した幾何モデルと、駆動部のばね特性やダンピング特性などを考慮した各軸の動的な挙動のモデルです。各軸の動的な挙動のモデル化についてはさまざまなアプローチがありますが、本書では総称して挙動モデルと称します。幾何モデルは、たとえばアーム長さに誤差があればそれが絶対位置精度にどのくらい影響があるか、といった静的な特性を表現できます。挙動モデルは、ロボットを構成する各軸のサーボモータに回転指令値を与えた場合に負荷の回転がどのように追従するか、といった各駆動軸の動的な特性を表現するものです。

多関節型ロボットは、剛体のアームが弾性体の関節で連接された剛性の低い構造なので、性能面では、幾何モデルより挙動モデルの方が支配的になります。挙動モデルは、各関節がモータの回転に対してアームがどのように追従してくるか、その時に剛体のアームはどのようにたわむか、これを根元の軸から先端の軸まで数式化することによって得られます。各関節はモータの回転によって減速機を通じてアームを旋回させる構造ですが、モータからアームまでの動力伝達系には摩擦や弾性が働きます。モータに与えたトルクが摩擦や弾性の影響を受けて、アームを回転させる挙動の関節モデルを**図2-17**に示します。関節がアームを介して先端までつながっているモデルを数式化することにより、各関節に回転指令値が与えられたとき、どのようにアームが挙動するかを推定できます。ロボットに発生する振動や軌跡のずれなどが推定できますの

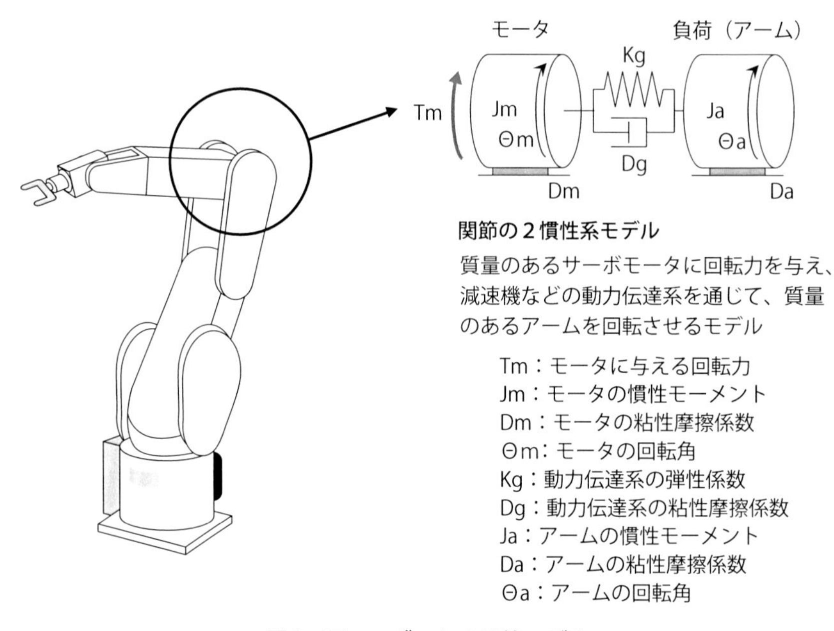

図 2-17　ロボットの関節モデル

で、振動を抑制するように加減速度を調整したり、軌跡のずれを最小限にしたりするように指令値を修正する機能が補償制御機能です。挙動モデルによる推定演算には莫大な演算能力を必要としますが、1990 年代後半のロボットコントローラはこれを処理できる能力に達しています。これらの補償により、1990 年代のロボットは機械としての本来の基本性能である高速高精度化について格段の進歩を遂げました。

■ 高度な制御による高速高精度化

産業用ロボットがどのような補償演算や制御手法によって高速高精度化が進んだのか、いくつかの具体例を見てみましょう。ここでは高い演算能力を背景とした、高速高精度化効果が高い垂直関節型ロボットで解説します。

・高精度化技術

ロボットの精度には、絶対位置精度、繰り返し位置精度、軌跡精度、などがあります。産業用ロボットに関する精度については、JIS B 8432（ISO 9283）でさまざまな精度の定義や測定方法について決められています。垂直関節型の産業用ロボットは、剛性の低い構造のため繰り返し精度は高いものの、絶対位置精度と軌跡精度はあまり高くありません。

絶対位置精度を高めるためには、機械全体のたわみなどの物理的な補償を行います。機械全体のたわみは主に関節部の弾性に起因するもので、腕を伸ばした姿勢ではたわみによる絶対位置誤差は10mm単位におよぶ場合もあります。絶対位置誤差が小さくなれば、あまり精度を必要としないピックアンドプレースなど、ティーチングせずに数値入力だけでも対応可能な作業も増えます。

多関節型ロボットの剛性の低さは軌跡精度にも悪影響を及ぼします。多関節型ロボットでは、たとえばロボットのツール・センター・ポイントを直線移動させる場合でも、各軸の加減速パターンはすべて異なり、さらに各軸の加減速に対する動作特性もそれぞれ異なりますので、動作中に複雑な軌跡誤差が現れます。

そこで軌跡精度の補償としては、挙動モデルから目的とする動作の指令値を各軸に与えた時のロボットの実際の動きを推定して、目標とする軌跡線上で動作できるように指令値を修正して出力する方法などがあります。軌跡精度補償はたとえば狭隘な隙間でワークを直線移動させる場合、溶接やシーリングのように軌跡精度が作業品質に直接影響するような作業で効果を発揮します。また、ティーチング負荷の軽減効果もあります。同じプログラム動作でも速度を変えると各軸の加減速が変わりますので、軌跡誤差も変わってしまいます。すなわち、ティーチング作業時に低速*で行う動作確認時の軌跡と、実作業速度での軌跡が異なりますので、実作業速度での軌跡のずれを確認しながらティー

＊ ロボットの安全を規定したISO 10218-1（JIS B 8433-1）にて、作業者がロボットの動作範囲内でティーチングを行う場合には、ロボットの先端の合成速度が250mm/sを超えてはならないという制約が規定されています。

チングデータを修正する作業が必要となります。実作業速度での軌跡のずれをどのような速度でも再現できるような軌跡精度補償により、ティーチング時の低速動作確認で、実作業時の動作確認ができるようになります。

このように、絶対位置精度と軌跡精度の向上は、ロボットの作業精度の向上という機械性能面での効果のみならず、産業用ロボット黎明期からの課題であるティーチング負荷の軽減効果にも結び付きました。

・高速化技術

ロボットの高速化について、最も基本的な作業である部品のピックアンドプレースを例として考えてみましょう。ピックアンドプレースの作業は、部品の位置に上空から接近する、ハンドを閉じて部品を把持し上空に持ち上げる、部品を置く位置の上空まで移動して、置く位置までおろしてハンドを開くという作業によって完了します。産業用ロボットの作業では、ロボットが最高速度に達することは、実はさほど多くはありません。もちろん、次の作業ポイントまで移動する時間が短ければ短いほど良いのですが、近距離移動が多いので最高速度よりは加速度、減速度の方が重要になります。

ここでもロボットの直線移動の高速化を考えてみましょう。ロボットのプログラミングで速度を指定する場合、ツール・センター・ポイントの移動速度を指定します。アーク溶接やシーリングなどでは一定の線速で作業することが必要ですが、組み立て作業やスポット溶接で次の作業点まで移動する場合は、線速一定である必要はありません。それよりも最短時間で移動する能力の方が優先されます。

ロボットの動作は各軸の加速、減速が合成されたものですが、機械保護の観点から各軸には最大加速度の制約が設けられています。しかし多関節型ロボットが所定の速度で移動する場合、各軸はその最大加速度に対して余裕があることがほとんどです。すなわち、どこかの軸が最大許容加速度になるまで速度指定を上げることにより移動を高速化することができます。常にどこかの軸が最大許容加速度になるまで速度指定を自動的に上げるという補償を行うことで、線速は一定にはなりませんが作業時間を短縮することができます。

高速化に伴う重要な課題として機械の振動問題があります。剛性の低い多関節型ロボットでは、急加速、急減速、急な方向変換には必ず大きな振動が発生します。そのため、高速で目標位置に到達しても、振動が収まるまで待たなくては、次の作業ができないという困ったことになります。振動を抑制する制御は各軸の挙動モデルを使用することで実現できますが、もともと正確な挙動モデルの一般化やモデルに必要なパラメータの正確な同定は非常に困難です。そのため、ある程度の仮定と簡略化を行うことで実用価値を求めることになります。振動が発生しないような滑らかな加減速パターンで動作させ、発生した振動は早く収束させる制御を追求することで、実質的な高速高精度化が進みました（**図2-18**）。

・ソフトウェアによる機械剛性の可変制御

SCARA型ロボットが組立作業に適した構造として、水平面方向に柔らかく、垂直方向に硬い機構を採用したように、作業によっては適切な剛性配分があります。そのため、ロボットの柔らかさをプログラマブルに変えることができれば、ロボットで対応できる作業の幅が広がります。このような制御をコンプライアンス制御と称しますが、これも1990年代に実現できるようになりました。

もともと各関節個々であれば、柔らかさをプログラマブルに変えることは容易です。しかし、多関節型ロボットでは、各軸の柔らかさではなく、作業空間の3次元の座標軸に沿った柔らかさを制御したいのです。たとえばねじ締めで

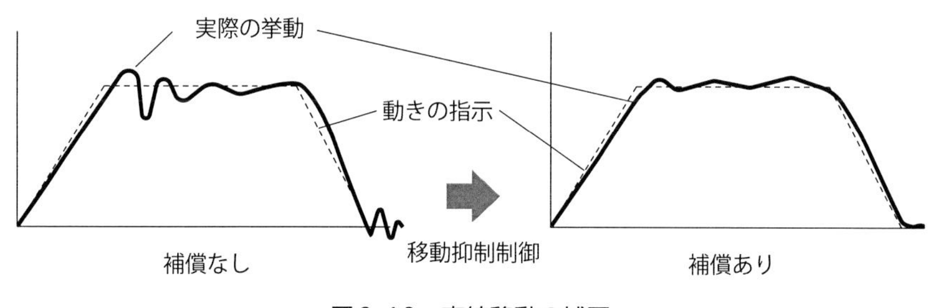

図2-18　直線移動の補正

は、ねじの軸方向には硬く推進力を維持し、軸に水平な方向は相手に合わせるように柔らかくすることにより、多少ねじの位置がずれていても、無事にねじを締めることができます。コンプライアンス制御はラフなティーチングを可能としますので、ティーチング負荷の軽減や部材供給に尤度を持たせることができて、システムコスト低減にも効果を発揮します。

コンプライアンス制御の実現には、例によって運動学演算、3次元座標系と関節座標系相互の座標変換を高速に行うことが必要でしたが、これも1990年代には演算能力の格段の向上でクリアできました。一般的には、ロボットがどのような軸構成であっても、作業空間である3次元座標系で自由自在に剛性が制御できるようになれば、ロボットシステムの設計自由度が広がり、ロボットの活用範囲が広がります。1990年代の演算能力の拡大により、おおむねそのレベルに達したと言えます。

2-3　FAシステム化機能に向かうロボット開発

生産機械としてのロボットに期待される能力については、実は1960年代、1970年代の大学研究機関の論理的研究やフィージビリティスタディでも数多く議論されていました。ロボットメーカの研究開発部隊はそれらの成果も熟知した上で、使えるようになった技術を取り込み、現実のユーザからの要求に応えながら開発を進めてきました。20世紀末のロボットは現実の生産機械としてある程度成熟した十分なレベルに達しましたが、その結果として、生き残ったメーカ間の機能や性能の差は小さくなっていきました。競争軸はいよいよ、本来の顧客価値の実現に向かって、生産システムの主要要素としての価値を高める方向に変わっていきます。ロボットメーカ各社でも、システム構築に関連する各種要素技術の開発のウエイトが高まりはじめます。

■ 力覚・視覚センシングの応用

ロボットが知覚能力を持つことにより、適用できる作業が格段に増えます。特に視覚センサと力覚センサについては、常にロボットに関する研究対象として重視されていました。

視覚センサの、産業用ロボットへの適用は普及元年当初より期待されていました。作業対象物の識別や位置の検出から検査用途まで、ロボットが視覚を得ることによるメリットが大きいことは、誰もが認めるところでしたが、実際の製造現場への導入はすぐには進みませんでした。

初期の視覚センサとしては、2次元2値画像から対象物の面積や方向を検出して対象物の識別や位置の計測を行う方法がありました。これはアナログカメラの時代から使える技術でしたが、照明条件の調整が難しく、対象物が重なると認識できないなど、製造現場での使い勝手があまり良くありませんでした。また、2次元情報だけでは組立や溶接などロボットの作業に直接使える情報としては不十分で、対象物の3次元情報が認識できる視覚センサが必要です。スポット光やスリット光を対象物に照射し、反射光から得られた距離データを合成して対象物の形状を認識する光切断法などの実用化が研究されていましたが、製造現場での使い勝手の問題から実際の導入は限定的でした（**図2-19**）。

1990年代の電子デバイス技術と情報処理技術の進化の恩恵を受けてディジ

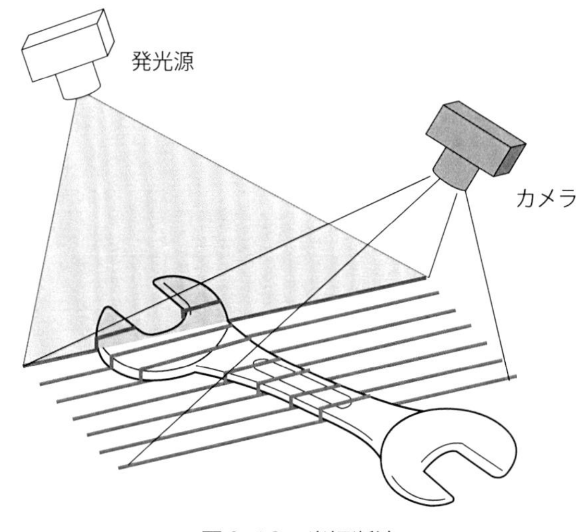

図2-19　光切断法

タルカメラが登場し、ディジタル画像処理によるビジョンセンサの高性能化と低価格化が始まりました。ディジタル画像処理によるビジョンセンサの最大の技術的特徴は、ディジタルカメラの多量な画素情報から基本的な画像処理演算を行うハードウェアがカメラに組み込まれることです。ユーザはカメラに組み込まれている多様な画像処理機能をプログラマブルに使えるようになったため、さまざまなアルゴリズムによる画像認識や画像理解、画像分析などが可能になり、応用範囲が格段に広がりました。また、カメラのディジタル化により、照明やノイズなどの使用環境に対してもロバスト性が高まりました。これは、ビジョンセンサの生産財としての汎用性が高まったことを意味しており、それまで非常に専門性の高かった画像処理技術が身近な技術になりはじめました。

工業用途で視覚のほかに、力覚もロボットへの活用が期待されていました。手首部に取り付ける6軸力覚センサは1980年代の時点で製品としては存在していましたが、こちらも製造現場への導入はすぐには進みませんでした。初期の市場ではロボットの機能や性能もまだ発展途上のため、多軸の力覚センサが活きる高度な作業は一般的ではありませんでしたので、力覚の利用は研究開発的な取り組みに留まっていました。

ロボットの機能や性能が高まってくると、力覚センサを活用した用途も開けてきました。たとえば、手首部に6軸の力覚センサを取り付けることにより、手首軸の座標系でのコンプライアンス制御がフィードバック系で構成できます。先ほど解説したコンプライアンス制御はモデルに応じたフィードフォワード系でしたが、力覚センサによるフィードバック系と組み合わせることにより、外乱に強いコンプライアンス制御になります。

1990年代の視覚センサ、力覚センサの価格は安価になってきたとはいえ、小型ロボット価格の10～20％に及びます。したがってこれらの外界センサを導入すると、かなりのコストアップになりますので、それに見合うパフォーマンスが得られるかどうかが問題になります。使い勝手の良くなった視覚センサを導入すると、多品種の混流生産に対応することや、作業状況のモニタによって検査を兼ねる複合機能の実現など、生産システムの幅を広げることができます。力覚センサの導入は、力加減が必要な器用な作業の実現や、ロボットの手先にかかる負荷のモニタなど、こちらもやはり生産システムの幅を広げることができます。さらにこれらのセンサを採用することによって位置決め治具が不要となり、部品供給機構が簡略化されるなど、システムのコストダウン効果も期待できます。

このように、ロボットの知覚能力向上による知能化の最大の効果は、システムのコストパフォーマンスアップにあります。そのため安定した枯れた技術を優先し、外部センサ類の採用に慎重であった製造現場にも、1990年代後半から視覚センサ、力覚センサが導入され始めました。

■ FAネットワーク

1980年代に理想的に語られていたCIMは、生産設備や情報管理設備をネットワークで情報を統合化して、生産活動全体の効率化・合理化をはかることを目的としていました。これは、概念的には、ドイツ発のIndustry4.0をきっかけに2010年代から議論が高まったスマートファクトリーに通ずるものがあります。スマートファクトリーでは情報共有は企業間にまで拡張されていますが、CIMはその基本となる企業内の情報共有と管理の統合化概念ですので、1980年代からスマートファクトリーにつながる動きが始まっていたと言えます。CIM構想による企業内ネットワークの階層例を**図2-20**に示します。ただし当時は、多種多様な生産設備を統合化するために最低限必要な、標準化されたオープンなFA用ネットワーク、情報共有化のための生産財製品や生産設備データの標準化は未整備でしたので、まずはこれらの技術や運用のための基盤整備を含む標準化活動から始まりました。その結果、1990年代から実際の製造現場に生産設備の統合化するネットワークが普及し始め、産業用ロボットにも、ネットワーク接続機能が搭載されるようになりました。

ネットワークは、機種間通信ですので標準化は欠かせません。1980年ごろから、ネットワークに関する国際標準化活動が盛んになり始めます。たとえ

処理のレベルと処理装置	処理内容	
企業レベル 全社ホストコンピュータ	企業リソースの管理	情報処理中心
工場レベル 工場ホストコンピュータ	工場内の情報管理	情報処理中心
ショップレベル 生産品対応の情報管理コンピュータ、エンジニアリングツール	生産品対応の生産 / 品質管理 CAD、CAM、シミュレータ、 技術情報管理	情報処理中心／制御機能中心
セルレベル セルコントローラ、セル制御 PLC	セル（作業単位）の制御、 情報管理、異常検知	制御機能中心
機器レベル ロボット、NC工作機械、表示機 検査装置、センサモジュール、 サーボモジュール、機器制御 PLC	各機器の制御、情報管理 稼働モニタリングと履歴の蓄積 異常検知と復旧 付帯デバイスの管理と制御	制御機能中心

図2-20　CIM構想による企業内ネットワークの階層例

ば、1973年に米ゼロックスが特許登録したイーサネットは、その後特許解放され、さらに1980年にIEEE（Institute of Electrical and Electronics Engineers）から規格IEEE802.3として公開され、多くの製品への採用により現在のローカルエリアネットワークの主流となります。

また、ネットワークの通信は電気信号を処理するハードウェアに近い処理階層から、アプリケーションに応じた情報処理階層まで、それぞれの階層での処理が必要になります。ISOでは、乱立を避けるために通信処理階層を定義することを目的として、1977年から1983年にかけて、7階層のOSI参照モデル（Open Systems Interconnection Reference Model）を作成し、ISO 7498として国際規格化しました（**図2-21**）。実用的には、イーサネットや米国国防省が策定したTCP/IPなどが普及したため、OSI参照モデルは標準として広く普及することはありませんでした。しかし、体系的に整理された考え方のため、現在でもネットワークを構成する基本的な考え方として捉えられています。

FA用のネットワークとしては、自動化先進ユーザであるGMが提唱し、1982年に初版の仕様書が公開されたMAP（Manufacturing Automation

階層	OSI参照モデル
第7層	アプリケーション層
第6層	プレゼンテーション層
第5層	セッション層
第4層	トランスポート層
第3層	ネットワーク層
第2層	データリンク層
第1層	物理層

図2-21　OSI参照モデル

Protocol）が最初の標準化活動になります[22]。MAPは、ほぼ同時期に標準化活動が進行していたOSI参照モデルに準拠したもので、体系的に整理された通信仕様モデルでしたが、重厚な規格となりすぎたため、最終的な標準化には至りませんでした。

MAPが標準化に至らなかった最大の理由は、MAPは工場全体に共通する通信仕様を目指したものの、実際の工場内のネットワークでは、現場の機器のレベルで重視される通信仕様と、上位の情報処理システムのレベルで重視される通信仕様が異なっていたためでした。少し遅れて、現場の機器にも適用しやすいように軽量化したMINI-MAPも公開されましたが、MAPの普及を促すものにはなりませんでした。実用的には、それぞれのレベルに応じたパフォーマンスを、それぞれの機器相応の価格で提供できなければ普及は難しいという点で、MAPはOSI参照モデルと類似の顛末になりましたが、それ以後、関係各社、各組織では実用的なFA用ネットワークの研究開発が活発となりました。

1980年代後半に入ると、工場に新たに導入される生産機器のほとんどがCPUを搭載した製品にかわり、実用的な機器間ネットワークへのニーズが強くなります。現場に導入される機器間のネットワークはフィールドネットワークと総称されますが、フィールドネットワークは一般的なコンピュータ間の情報通信よりも高速で安価であることが求められ、1990年代に次々と市場に登場します。1989年には、ドイツの企業や研究機関の活動をドイツ政府が支援して確立したPROFIBUSが公開されました。その他、FA制御機器メーカが開発しオープン化したDeviceNet（Rockwell Automation)、cc-Link（三菱電機)、Mechatrolink（安川電機）などが続きます。業界団体からもFL-net（日本電気機械工業連合会）などが登場し、それぞれ市場を形成していきました[22][23]。結果として、FA用フィールドネットワークは20を超える多種多様なオープン仕様の乱立状態となり、それぞれが普及推進団体などを通じた勢力争いの様相を呈してそのまま現在に至っています。

産業用ロボットの外部機器との連携は、1980年代にはI/O接続によるON/OFF信号によるインターロック程度でした。1990年代になると、他の生産設備との情報通信やインテリジェントな視覚センサ、力覚センサとの通信能力を得ることにより、より高度な自動化能力を発揮できる可能性が広がりました。ロボットの通信機能を実現する方法としては、ロボットコントローラがオプションとして各種のフィールドネットワークへの接続機能を備える方法、PLCなどのシステムコントローラを経由してフィールドネットワークに接続する方法が考えられます。多様なフィールドネットワークへの対応としては、後者の方が現実的な方法です。いずれにせよ、ロボットにとって何らかの手段でフィールドネットワークに接続する手段は不可欠なものになっていきました。

なお、さまざまな生産機器を組み合わせてシステム化する製造現場では通信方式やデータ形式などの共通仕様は非常に重要です。しかし、時代とともに進化する製造現場にとって、OSI参照モデルやMAPで見られたように、具体的な仕様を標準規定として永続的に定着させることは、現実には難しいようです。そのため最近のISOの国際規格は、個々の仕様を細部にわたり明確に規定する規格ではなく、OSI参照モデルのように枠組みを規定して現実に即した対応が可能な、緩やかな規格という位置づけに変わってきています。

■ プログラミングツールの充実

1990年代のコンピュータハードウェアと情報処理技術の進歩は、ロボットのプログラミングツールにも劇的な進歩をもたらしました。最も大きな進歩はシミュレーション機能です。

そもそもロボットの動作は立体的ですので、プログラムの検証には、周辺の設備情報も含めた3次元のグラフィックシミュレーションが欠かせません。現在では営業技術の担当者が、顧客の前で持参したパソコンでサンプルを見せたり、場合によってはその場で簡単にプログラムを組んで仕様の検討を行えるようなツールになっています。しかし、1980年代の3次元グラフィックシミュレーションシステムは、高価な専用製品はありましたが、一般的に使えるものではありませんでした。ワイヤーフレームで簡略化したロボットの3次元モデルを動かす程度のシミュレーションをプログラミングツールに組み込む努力も認められます（**図2-22**）。しかし、単にロボットの動きが見えるだけでは、周

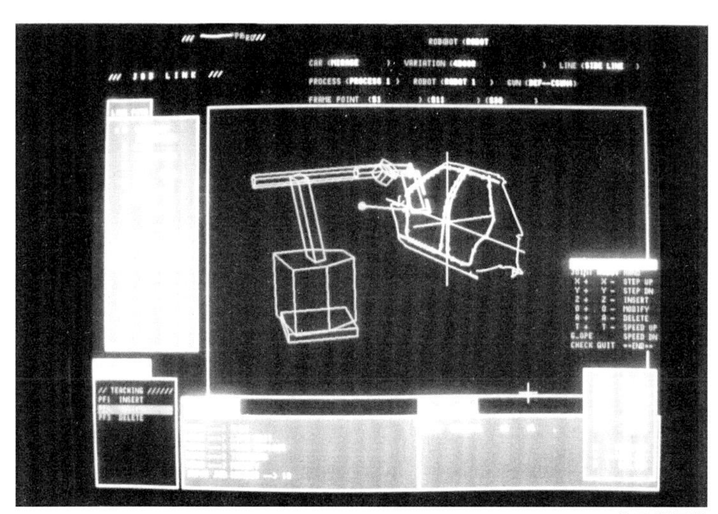

三菱電機提供

図2-22　1990年代初期のワイヤーフレームシミュレーション

辺機器との物理的位置関係や、制御上の相互関係が確認できないため、シミュレータとしては不十分でした。当時、ロボットの動作を確認するには、実際にロボットを動作させるしかありませんでした。現場に設置したロボットでティーチングしながらプログラムの確認や修正を行う作業は、現場でのシステム立ち上げ作業の効率を阻害する最大の要因でした。

プログラミングツールのシミュレーション機能が格段に向上した技術的背景は、3次元CADの進歩です。ここでも1990年代のハードウェアと情報処理技術の進歩が大きく貢献しました。それまでは専用家のための高価な設計環境であった3次元CADですが、1990年代半ばになるとパソコン用3次元CADが登場します。たとえば1995年に発売され、現在でも広く普及しているSolid Worksに代表されるWondowsアプリケーションにより、パーソナルな環境になりました。パーソナルな3次元CADは、設計と機能検証を同時に進めることができるコンカレントエンジニアリング環境として期待され、以後急速に機能や性能が向上します。物理的・論理的なシミュレーション能力が向上し、アニメーション機能が強化され、さらに各種の3次元データ変換機能を備えることにより、設計ツールというよりはむしろ物理世界を表現するプラットフォームとして進化していきました。

1990年代後半以降は、ロボットのプログラミングツールも各社独自のプログラムエディタとロボットの動作シミュレータから、3次元CADをプラットフォームとした、ロボットシステムプランニングシステムへと進化しはじめました。

2-4　1990年代はロボット産業にとってどんな時代だったのか

1980年代に初期急成長を遂げた日本のロボット産業は、バブル崩壊後の1990年代は、高い世界シェアを維持しつつも出荷の伸びは止まり、前半はむしろ出荷減少傾向となりました。事業的には非常に厳しい状況でしたが、産業用ロボットの本来の価値を見直す転換期となったと捉えることができます。

1980年代は期待先行型の市場形成でしたが、1990年代は一転してコストパフォーマンスを求められる市場となりました。そのためロボットの製品企画は、汎用性の高いロボットより、それぞれの生産現場の要求仕様に絞り込んだロボットへと変化しました。ただし、製品としては専用性を求めるものの、ロボットメーカ各社では、設計の標準化や製造体制の合理化を進め、事業体質強化が同時に進められました。市場の縮小傾向下で得意分野を獲得し、なおかつ社内事業体制の強化が果たされたメーカのみが生き残るという淘汰がさらに進みました。

また、伸び悩む国内需要に対し、海外市場へのアプローチも強化され始めました。1990年代には日本の製造業の海外生産は25兆円（1991年）から56兆円（2000年）へと2倍を超える拡大傾向を見せます。特にロボットの主要ユーザである自動車産業と電機電子産業が海外展開の中心でした。これに呼応して、日系企業の現地生産をサポートするために産業用ロボットの海外販売、保守体制の強化が図られ、さらに現地企業への拡販へと展開するようになりました。

1990年代は電子技術、情報処理技術が社会を大きく変化させた時代でした。Windows文化が始まり、おびただしいソフトウェアが登場し、職場でも家庭でもパソコンを使用する日常が定着する情報化社会へと向かいます。産業用ロボットも、情報処理系の著しい進歩の恩恵を受けました。機械設計的には1980年代にある程度の完成度に達していた産業用ロボットでしたが、特に主力の多関節型ロボットは機械設計だけでは超えられない本質的に剛性が低いという弱点を持っていました。1990年代の情報処理技術の進歩により、これらの弱点を補うことが可能となり、産業用ロボットは速度精度などの基本的な性能面で、生産機械として完成形に近いレベルまで到達しました。

生産機械としての産業用ロボットが完成形に近いレベルに達し、生き残ったロボットメーカ各社間では、得意とする用途や産業分野にそれぞれ特徴はあるものの、機械としての機能や性能の差はあまりなくなりました。その結果、メーカ間の競争軸は機能や性能からロボットにより実現できるシステムの価値、そしてシステムの構築や運用に関わるサービスに移り始めました。

参考文献

［1］ 米本完二：「産業用ロボットの発展経緯、普及の現状と展望尾」、ロボットNo.36、日本産業用ロボット工業会、1982/10
［2］ 日刊工業新聞社編：「市販産業用ロボット300機種の仕様一覧」、オートメーション、Vol.28, No.9、p.113-171、日刊工業新聞社、1983/9
［3］ 日本産業用ロボット工業会：昭和57年 産業用ロボット企業実態調査
［4］ Utterback J. M. and Suarez, F. F.：Innovation, Competition, and Industry Structure, Research Policy, Vol.22, No.1, p1-21, 1993
［5］ 発明協会：「ネオジム磁石」、戦後日本のイノベーション　サイト（2023/8/20取得　http://koueki.jiii.or.jp/innovation100/innovation_detail.php?eid=00072&age=stable-growth&page=keii）
［6］ 大野榮一・小山正人：パワーエレクトロニクス入門改訂5版、オーム社、2014/1
［7］ 溝口善智：「ロボットマニピュレーションを支える減速機」、計測と制御Vol.56, No.10、計測自動制御学会、2017/10
［8］ ハーモニック・ドライブ・システムズ：「ハーモニックドライブ®を知る」製品情報サイト（2023/8/20取得　https://www.hds.co.jp/products/hd_theory/）
［9］ ナブテスコ：「精密減速機RVの歴史」、RVサポートサイト（2023/8/20取得　https://rv-support.nabtesco.com/history/）
［10］ 日本ベアリング工業会：「産業の移り変わり」,日本のベアリング産業についてサイト（2023/8/20取得　https://www.jbia.or.jp/japan/index.html）
［11］ 電子工学年鑑1959年版、電子情報技術産業協会 監修、電波新聞社
［12］ 日本産業用ロボット工業会編：「FA/FMS特集」、ロボットNo.57、日本産業用ロボット工業会、1987/4
［13］ 相田洋：電子立国日本の自叙伝、日本放送出版協会、1991/8、1991/12、1992/2、1992/5
［14］ 伊丹敬之＋伊丹研究室：日本の半導体産業　なぜ三つの逆転が起こったか、NTT出版、1995/9
［15］ ファナックの歴史　1955-2019　開発編、1955-2019　沿革編/資料編　2021/6
［16］ ダイヤモンド社編：「“ロボット世界一”へ突っ走るGM＝ファナック　合弁子会社を全米トップにした“経営力”」、週刊ダイヤモンドVol.73,No.43、1985.11.9号、p112-114
［17］ 実業往来社編：「GMと組んだファナックの世界制覇戦略　80年代に世界シェアの80%を目指す」、実業往来 No.401、p40-43、実業往来社、1985/11

[18]　柿倉正義：「ISO/TC184/SC2/WG2第1回会議報告」、ロボットNo.46、1985/1
[19]　中央労働災害防止協会：産業安全運動100年の歴史サイト、強化の歴史（昭和50～60年代）、（2023/8/20取得　https://www.jisha.or.jp/anzen100th/nenpyou05.html）
[20]　中央労働災害防止協会：労働安全衛生規則の解説　産業用ロボット関係；2019年1月，第9版第3刷；
[21]　日本産業用ロボット工業会編：「ロボット言語特集号」、ロボットNo.39、日本産業用ロボット工業会、1983/5
[22]　ファクトリー・オートメーション編集委員会編：「特集：FAネットワークとFAIS」、ファクトリー・オートメーション、Vol.10, No.13、日本工業出版社、1992/12
[23]　日刊工業新聞社：「特集フィールドネットワークが作り出す世界」、オートメーション、Vol.48. No.5、日刊工業新聞社、2003/5
[24]　神田雄一：「オープンPLCネットワークFL-netの現状と今後の展開」、電機No.659、p40-48、日本電機工業会、2003/6

第3章

生産システムの構成要素としての価値向上

2000年代、2010年代の産業用ロボット発展史

21世紀に入り、インターネットの普及と情報処理技術の高度化により、世界全体の時間的、空間的距離は一気に短縮されました。産業用ロボット市場も新しい次元に入り、日本のロボット産業の置かれた状況も大きく変化していきます。

2000年代、2010年代のロボット産業に大きな影響を与えたのは、世界の製造業の中心が日欧米からアジアにシフトしたことです。**図3-1**に1970年以降の世界の製造業GDPの50年間の推移を示します[1]*。1980年代は、日本を除くアジアの製造業GDPは世界の10%ほどで、あまり大きくはありませんでし

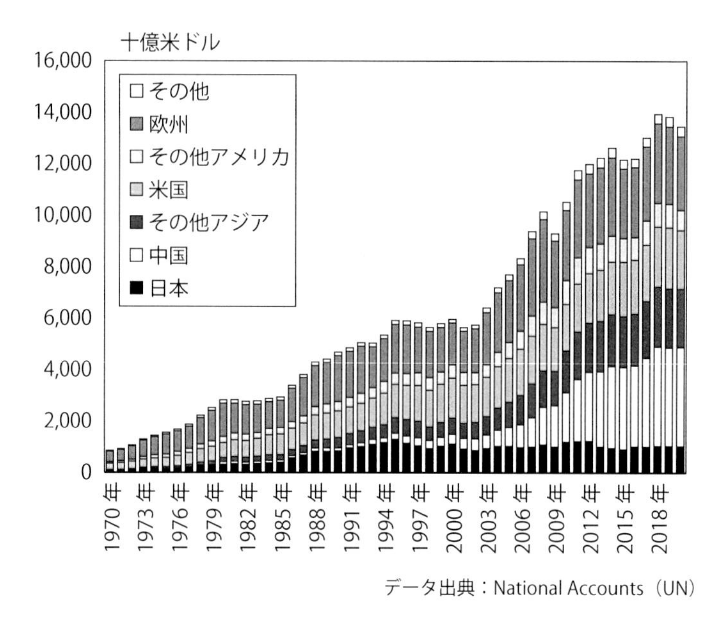

図3-1　世界の製造業GDP

*　国際連合では、経済社会局統計部門（United Nations, Department of Economic and Social Affairs, Statistics）で全世界の各種統計を管理しており、各国の国民経済計算も公開されています（National Accounts-Analysis of Main Aggregates）。本書における日本国内のGDP関連のデータは、内閣府の国民経済計算を使用しますが、海外各国のGDP関連データについては、国連の名目米ドル換算を使用しています。また、内閣府、国連双方の国民経済計算では経済活動別のデータとして、製造業が1年間に産み出した総付加価値として製造業のGDPも公開されていますので、本書ではこれを「製造業GDP」と呼称して使用します。

た。しかし1990年代後半からアジア通貨危機を経て成長が始まり、2000年には17%に達して存在感を示し始めました。2000年代以降の中国をはじめとするアジアの製造業GDPの成長は目覚ましく、2010年に34%、2020年に46%と、世界のほぼ半分が日本を除くアジアが占めるまでに急成長しました。

中国の製造業は、1990年代から安価で豊富な労働力を求めた日米欧の製造業が生産拠点を展開し始めたことから発展が始まります。2000年の中国の製造業GDPは世界の6%で日本の1/3しかありませんでしたが、そのわずか7年後の2007年には12%に達し、低迷する日本の11%を抜いて世界2位になります。さらに3年後の2010年には18%に達し、米国の17%を抜いて世界1位となっています。その後も成長を続け、2020年には中国製造業が全世界の29%を占めており、米国の1.7倍、日本の3.7倍の規模まで拡大しています。中国は2000年前後から、安く生産ができるという程度の意味で「世界の工場」と言われ始めましたが、その後の急成長によって「世界の工場」としての実力をつけ、さらに「世界の巨大市場を背景とした製造立国」へと変貌しました。

産業用ロボットの世界市場もこの流れを反映しています。2000年代初頭には10%以下であった日本を除くアジア需要は2000年代後半にかけて急増し、2010年代半ばには世界需要の半分はアジア需要になりました（**図3-2**）[2]。2000年以前はほぼゼロだった中国需要は、リーマンショック後の2010年に10%に達してから、2013年には日本需要を超えて21%、2018年には欧米需要を超えて36%、そしてついに2021年には50%を超え、世界中で生産されたロボットの半分が中国に直接輸出されるようになりました。これ以外にも世界中から日欧米経由で中国に出荷された間接輸出品も増加していますので、実態としては全世界で出荷されたロボットの半分以上の最終需要地が中国になっていたと推定されます。

一方、アジア各国では、ロボット需要の拡大とともに、現地のロボット産業が立ち上がり始めます。それまで多数の日本メーカと、数社の有力欧州メーカで構成されていたロボット産業の構図は変化し始めました。特に中国では、国策により工作機械とロボットを中心とした生産財産業振興が進められていま

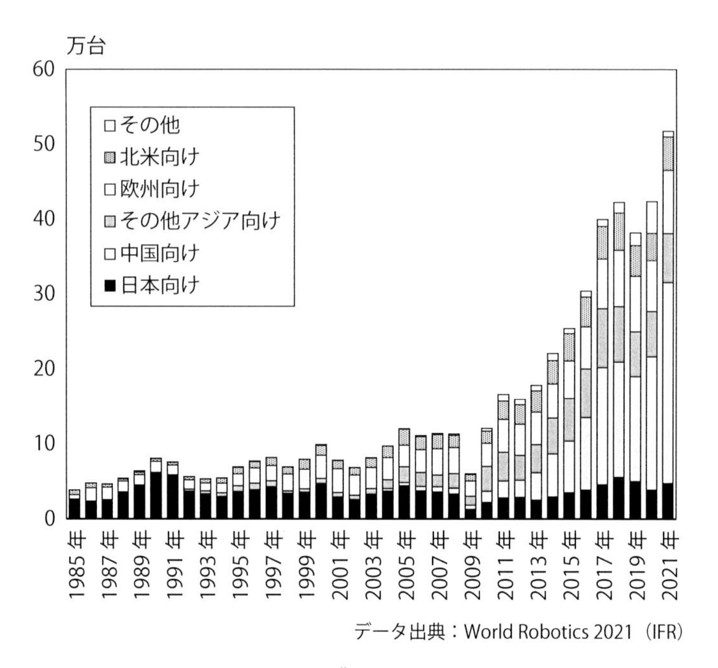

図3-2　世界市場のロボット出荷先地域別台数推移

す。1990年代まで80%以上を維持してきた日本製ロボットの世界シェアは、2000年代に入って下がり始め、2020年には50%を割り込みました。これからの日本のロボットメーカは、中国の新興ロボットメーカと、中国に新たな事業体制を整えた欧州ロボットメーカとの国際競争へと向かうことになります。

市場の変化とともに、日本のロボット産業の競争軸も、機能や性能により生産機械としてのロボットの価値を高めることから、ロボットの活用により生産システムの価値を高めることに変化し始めました。製造業のグローバル化は日本国内の製造業における自動化のあり方を問い直すことになります。

本来、自動化に求めることは単なる省人化ではなく、総合的な意味で国際競争力を強化することです。特に、産業用ロボットは使い方次第で生み出す価値が大きく変わるという半完結製品としての特殊性から、ロボットメーカはシステムインテグレーションを強く意識したビジネスに向かいます。それと同時に、ロボット活用に長けたシステムインテグレータ（SIer）が日本のロボット産業の行く末を左右する存在になりはじめました。

1　グローバル化する産業用ロボット市場（2000年代）

2000年代の日本のロボット産業は2001年のITバブル崩壊と2009年のリーマンショック時に出荷台数の激減に見舞われており、必ずしも好調とは言えない状況でした。時間軸にそって出荷傾向の変化を見てみましょう（**図3-3**）。

1998年からIT業界への過剰投資に刺激された国内外の電機電子産業の旺盛な需要により、日本製ロボットは順調に出荷台数を増やして、2000年には過去最高の出荷台数8万5000台を記録しました。しかし、翌2001年にはITバブ

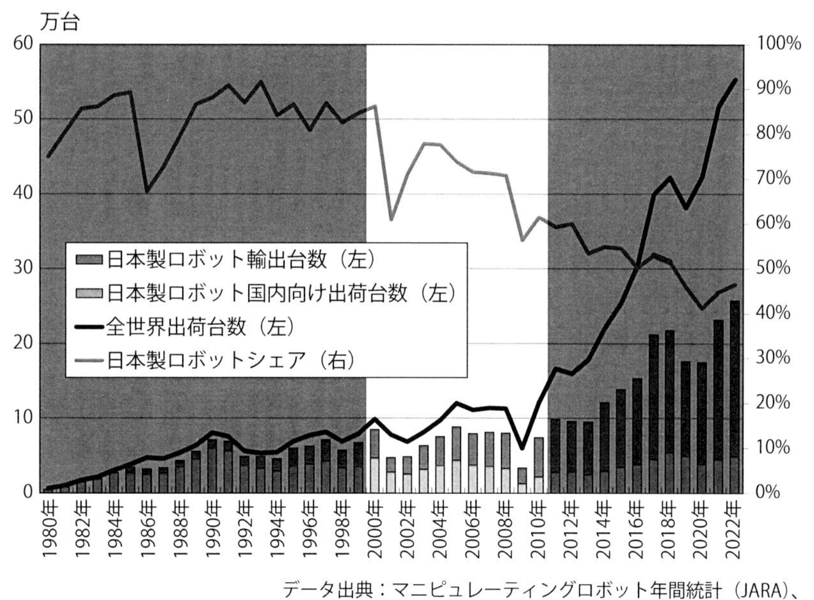

データ出典：マニピュレーティングロボット年間統計（JARA）、World Robotics（IFR）

図3-3　2000年代の日本製ロボットの出荷台数

ル崩壊により一転して出荷台数が40%以上の減少となり、普及元年以来最大の下げ幅となりました。翌年からゆるやかに回復し、2005年にようやくITバブル崩壊前のレベルに戻りましたが、その後の数年は、輸出は伸びたものの国内の設備投資は伸びず、年間８万台規模の出荷が続きました。

さらにリーマンショックの2009年に設備投資が大幅に控えられたことでふたたび出荷台数は激減し、対前年比で55%を超える過去最大の減少幅を記録しました。しかし翌年にはリーマンショックにさほど影響されなかったアジア製造業を中心に、それ以前のレベルまで急回復しました。国内需要はリーマンショック以前の66%までしか回復しませんでしたが、欧米向けが93%にまで回復しほぼリーマンショック以前なみ、アジア向けは140%と回復どころか大幅な拡大となっています。

2000年代から顕著となったアジア製造業の急拡大は、日本の製造業にとっては事業の拡大機会としてのプラス面と、日本が得意としてきた製造産業の国際競争の激化というマイナス面の両方のグローバル化を意味しています。健全なグローバル化のためには、日本国内での製造競争力を維持したうえで輸出による海外需要に対応するか、大きな市場の変化に適切に対応できるように地産地消型の海外生産体制を整えるか、いずれかの道を選択する必要があります。実際にリーマンショックまでの2000年代には日本からの輸出も拡大していますが、日本の製造業の海外生産はこれを上回る勢いで拡大しました。

このようなグローバル化においてロボット産業に期待されるのは、まず、国内製造業の国際競争力強化のために、人手作業や単純な機械化では実現できない高度な自動化を追求することです。ロボットによるセル生産への展開がその一例になります。次に、海外生産に対応した現地へのロボット供給については、現地の事情に応じた製品やサービスを提供する体制が必要になります。特にアジアの新興工業国の場合は、従来の欧米市場と異なり、現地の工業インフラが未整備の場合も多く、現地のユーザ企業との緊密な協業体制を立ち上げていく必要があります。

1-1　輸出依存型産業への変貌

■ グローバル化する製造業とロボット需要の変化

1980年代までの世界の製造業は、日欧米の先進工業国を中心として、輸出による国際競争を展開してきました。1990年代から、先進工業国は新興工業国における海外生産を展開し始め、2000年代になると、先進工業国の海外生産が本格化すると同時に、新興工業国でも地場の製造業が活性化され内需の拡大も始まり、いよいよ世界の工業圏のグローバル化が明確になってきました。

2000年代初頭の世界の製造業の構図は、2001年のゴールドマン・サックス社のレポートで示されたBRICs*（Brazil、Russia、India、China）が多くを物語っています。当時は経済発展が大きな4ヶ国として挙げられましたが、まもなく中国とインドは経済拡大が加速し、ブラジルとロシアは減速するという大きな差が表れたため、新興経済圏の総称としてはあまり使われなくなりました。アメリカ大陸では米国から南へ、欧州では西欧から東へというように、先進経済圏から他の地域への経済波及として捉えれば、「ブラジル」と「ロシア」は、2000年代のこの流れを象徴的に示した表現と解釈すればよいでしょう。実際に2000年代から、米国の製造拠点が国内からメキシコに展開を始め、ドイツの製造拠点が国内からチェコやポーランドなど東に展開するような動きが活発になっています。

アジア圏では、インドと中国はその後も世界での存在感を高め続けています。アメリカ大陸や欧州とは異なり、日本経済がアジア他国に波及していった

---

*　2005年ごろには、南アフリカ（South Africa）を加えて、BRICSと表記するようになりました。さらにその後、2009年から実際にブラジル、ロシア、インド、中国の首脳による会議が開催されるようになり、2011年からは南アフリカが参加しBRICS首脳会議と名付けられました。新興勢力とは言いながらも、2020年にはこの5ヶ国で世界人口の40%、世界GDPの24%を占める規模に達しています。BRICS首脳会議が国際経済にどのような影響を及ぼすかについては今のところ未知数ですが、2022年にはアルゼンチン、サウジアラビア、イラン、アルジェリアなどが加盟を求めているようです。

というよりは、全世界から注目され新たに経済圏が生まれたとみるべきでしょう。アジア圏においては、中国、インド、その他の東アジア諸国は、それぞれ異なる経緯で経済成長を始めています[3]。

・アジア製造業の発展経緯

最初に新興工業国として発展を始めたのは東アジア諸国で、香港、シンガポール、韓国、台湾の４ヶ国でした。1970年代からNICs*（Newly Industrializing Countries）と称され、存在感を示し始めました。シンガポール、韓国、台湾は、1980年代から1990年代にかけて、ともに半導体や電気電子機器系の産業を中心に経済成長を遂げています。さらに、シンガポールは化学、医療関連を含む先端技術製造業、韓国は自動車産業強化により鉄鋼などの素材産業までを含む機械製造業、台湾は液晶・半導体のクリーン製造といったように、それぞれ特徴的な産業構造で経済成長が始まっています。一方、タイ、インドネシア、マレーシア、ベトナム、フィリピンの1990年代は、先進諸国の海外生産拠点として製造業が強化され始めました。

ところが、1997年に、海外からの投資に大きく依存して経済成長が進んでいたタイで、アメリカ機関投資家が投機的資金を引き揚げたことをきっかけとして、バーツが暴落するアジア通貨危機が発生しました。通貨危機は、同じく海外からの投資に過剰に依存していたインドネシア、韓国が大きな影響を受け、シンガポール、マレーシア、フィリピン、香港にも少なからず影響が及びました。そのため、1990年代末のアジア経済は多少混乱が続きましたが、これを機に各国では、それぞれの国状に応じて、自国の実力に合わせた経済強化

＊　NICsは1979年に、先進国グループの経済機構であるOECD（経済協力開発機構）の報告書“The Impact of the Newly Industrializing Countries on Production and Trade in Manufactures：新興工業国の挑戦”のタイトルから取り出した略称です。新興工業国は、当時輸出に重点を置いて経済成長を実現した中所得国と定義され、アジア４ヶ国と、ギリシャ、ポルトガル、スペイン、ユーゴスラビアの南欧４ヶ国と、ブラジル、メキシコの中南米２ヶ国が含まれていました。しかし香港、台湾は正式には国ではないため、1988年のトロントサミットで、NIEs（Newly Industrializing Economies）と地域を示す用語に変りました。またアジアNIEsの４地域は当初NICsと呼ばれていた他の国と比べて順調に経済成長を遂げており、日本でNIEsといえば、香港、シンガポール、韓国、台湾のアジア４地域を示すために使われるようになりました。

とバランスの良い海外投資を求める経済政策に転換しました。このような流れにより、2000年代からアジア経済圏の実体経済の成長が始まり、アジア各国の製造業が実力をつけてきました。

中国は1977年の文化大革命終結後、1980年代から1990年代にかけて改革開放政策を中心とした中国独自の市場経済政策を進めることにより、国内経済の基盤強化をはかってきました。2001年に念願のWTO加盟を果たしてからは、製造業を中心として爆発的な経済発展を遂げ、一気に「世界の工場」とまで言われるような製造業立国となりました。中国のロボット需要は2000年代半ばから自動車、電機電子産業の先進的なユーザによる導入に始まり、2010年代に入ってから爆発的に拡大します。中国の製造業の発展経緯とロボット需要の急拡大については後ほど、改めて解説します。

インドでは製造業より先にサービス業、IT産業を中心とした経済成長から始まっている点が、中国やその他の東アジア諸国と異なる発展経緯となりました。インド政府は健全な経済成長のための産業構造バランスの面から、2010年代にあらためて製造業の振興政策を打ち出しています[4]。2000年代の産業用ロボットのインド需要は年間1000台未満ですが、2010年代後半から本格的な需要が見えてきます。

・アジア各国のロボット需要

産業用ロボットの海外需要拡大の背景には、日系企業の海外生産拠点における自動化需要と、海外各国の製造業の成長に応じた自動化需要があります。アジア需要の多くは日本企業の海外生産展開の影響を大きく受けています。

日本の製造業の海外生産は、1990年前後には20兆円規模でしたが、バブル経済崩壊後から拡大をはじめ、2000年には52兆円に達しています。当時の日本の国内製造業の生産総額は321兆円ですので、日本の製造企業が国内外に保有する総生産能力373兆円のうち約14％を海外で生産する構造になっています（**図3-4**）[5][6]。

2000年代の海外生産の70％が自動車と電機電子産業です。海外生産の目的は一様ではありませんが、自動車産業は現地向け製品の地産地消型生産、電機

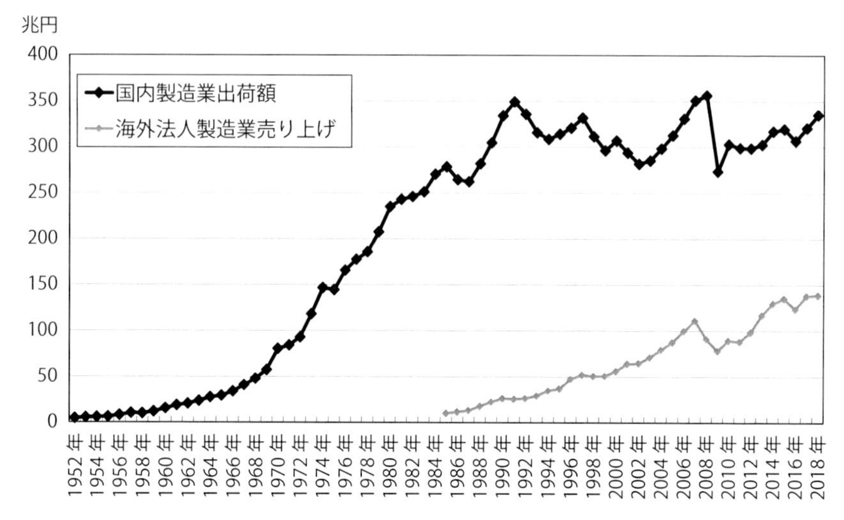

図3-4　国内製造業と海外日本法人の生産規模比較

電子産業は価格競争力強化をそれぞれ主たる目的とする傾向があるようです。もともと、自動車産業と電機電子産業は、産業用ロボットの圧倒的な主要ユーザですので、ロボットの海外需要に直結しています。また日本企業の海外生産対応のロボット需要の場合は、国内で自動化設備として完成させ、現地に出荷するケースも多く含まれますので、1990年代以降の国内向け出荷台数の中には、間接輸出でアジアの新興工業国向けに出荷されるものが少なからず含まれていると推定されます。

新興工業国の製造業成長に応じたロボット需要については、国別に事情は異なります。韓国では1970年代から1980年代にかけて、軍事政権下の国家統制による強力な重化学工業推進により輸出依存型経済が形作られ、1988年のソウルオリンピック以降、民族財閥系による自動車産業、電機電子産業を中心として高い経済成長を遂げてきました。特に、電気機器製品、半導体などでは低価格を武器に、バブル崩壊後の苦境にある日本を凌ぐ勢いで世界市場での存在感を示すようになりました。しかし、1990年代末のアジア通貨危機の影響を受け、国際通貨基金（IMF：International Monetary Fund）による救済を受けざるを得ない重篤な状況に陥りました。IMF管理下で財閥解体再編、財政再建、構造改革が進められ、その結果、統制的な経済から自由度の高い経済に転換が進みました[7]。

韓国の製造業は一部の痛みを伴う改革にはなったものの、引き続き自動車産業と電機電子産業が一層強化されました。製造現場では合理化が促進されましたが、これらの産業は日本でもロボット産業の原動力となった産業です。その結果、2000年代以降、距離的にも近い韓国は日本のロボット産業にとって有力な需要国となりました。

台湾は、1990年代からハイテク技術をベースに、電子機器のサプライチェーンとして世界の製造業で重要な役割を担うこととなります。台湾のハイテク技術の源流は、1970年代に新竹県に設立された台湾工業技術研究院（ITRI：Industrial Technology Research Institute）にあります。ITRIはもともとは材料・エネルギー系の研究所を統合して1973年に設立されました。ITRIでは、今後の台湾の産業振興には半導体産業が不可欠であるという認識のもと、1974年に「電子工業研究発展センター」を立ち上げました。同センターは1976年に米国RCAと「集積回路の技術移転授権契約書」を締結し、RCAから技術供与を受けてパイロットプラントを立ち上げ、パイロットプラントの製造品をRCAに供給する関係を構築しました。RCAからの技術要請により1977年に3インチのパイロットプラントを立ち上げ、ここから台湾のハイテク産業立国への道が始まりました[8]。

ITRIは科学技術開発を目的とした国立の研究機関ですが、研究開発のみにとどまらず、研究開発成果を実際の産業として立ち上げるところまでをミッションとする機関であり、これが以後の台湾の産業に大きな影響を与えました。ITRIは1980年から台湾の半導体製造業を立ち上げに着手しており、UMC、TSMCなど、今や世界の半導体産業に欠かせない半導体受託製造企業が、新竹地区で次々と誕生しています。さらに、1983年にはIBMのパソコン互換機の開発から、パソコン関連メーカも多数立ち上げています。パソコン、IC製造に強いハイテク産業国家としての台湾の基礎づくりは、このように国策として進められました。

一方、ノートパソコンの主要キーパーツになるフラットパネルディスプレイも台湾のハイテク製品として定着していますが、こちらは日本の電機メーカが深くかかわっています。フラットパネルディスプレイの製品化は1980年代から日本が先行し、1990年代には量産を開始しましたが、すぐに韓国が低価格で攻勢をかけはじめました。そこでバブル経済崩壊後の日本では、低価格化と需要増大への対応策として、台湾を製造パートナと位置付けて技術移転を行いはじめました。その後、2000年代には日本メーカはフラットパネルディスプレイ市場から順次撤退し、台湾が韓国と並ぶフラットパネルディスプレイの供給国となりました。

このような背景により、台湾の2000年代のロボット需要は電子機器製造関連がほとんどで、中でもクリーンルームにおける半導体、フラットパネルディスプレイ搬送用のクリーンロボットが大きなウエイトを占めています。なお、パソコンについては、CPU基板などの主要部品の製造は台湾内で行うものの、筐体やキーボードのような組み立ては中国大陸に製造委託するようになり始めています。

韓国、台湾に次いで2000年代のロボット需要が立ち上がっているタイでは、韓国、台湾とは異なる需要傾向にあります。タイのロボット需要の大多数は、日系企業の自動化需要です。そもそもタイの製造業は電機電子機器、自動車のグローバル企業の製造拠点としての役割が強くなっており、特に日系企業は現地の有力企業となっています。タイのモノづくりは日本に見習う傾向が強く、日本の生産設備をそのまま移転しても問題なく運用できることが多いため、日系の製造業にとっても事業展開しやすい国になっています。そのため、タイには、国内向け出荷から移転される間接輸出品が多く出荷されている傾向があります。

■ グローバル市場に応じたロボット事業体制の充実

産業用ロボット市場のグローバル化では、現地での販売、保守を中心とした各種のサービス体制の充実が求められます。海外市場では、ロボットの製品としての能力以上に、現地でのサービス体制、特に保守体制は最初に問われます。不具合が発生した時の、情報伝達ルート、出動態勢、部品供給能力などです。保守体制については、基本的に販売チャンネルが保守の窓口になります。日本のロボットメーカの欧米における販売網の整備と現地保守能力の充実は2000年以前から進められていましたが、アジア圏の販売、保守チャンネルの充実は2000年代から本格化します。

ただし、間接輸出の場合は現地販売ではないので、保守チャンネルを別途確保する必要があります。ユーザが日系の大手製造業の場合は、ユーザの現地での設備保全能力に依存することも有効です。特に自動車や半導体工場など、短時間で不具合からの回復が求められるユーザでは、保守部品のストックとユーザ側で一通りの保守ができるような体制を整え、緊急時の対応とその後の処置を含めた保守契約を交わすことも行われます。

しかし、一般的にはロボットメーカ側で間接輸出品に対して、保守技術を備えた現地窓口の開設が必要です。特にアジアの新興工業国では工業技術に関わるインフラが欧米ほど発達していない場合が多いので、現地の間接輸出品に関する保守チャンネルを持っているメーカは事業的に有利となります。いずれにせよ2000年代には、日本のロボットメーカの多くがアジア各地に販売拠点とともにエンジニアリングサービス拠点を開設しました。保守対応能力に加え、販売支援やエンジニアリングに対するサポート、ユーザ向けセミナーなどのサービス能力、現地の製造業行政との関係強化などの現地事業対応能力、さらに現地のニーズを分析するマーケティング能力などが、ロボットメーカが海外展開するための重要な競争力となります。

また、これを機にインターネットを通じたリモートメンテナンスのあり方など、グローバル化に応じた情報系のビジネスインフラへの関心も高まり始めます。

1-2　生産システムの能力を高めるロボットの知能化技術

2000年代における産業用ロボットの技術開発の中心は、それまでの機能性能の追求から、知能化の追求へと変化します。ロボットの知能化には、独自の判断能力を持ち独立して行動できるような自立のレベルから、予定と異なる状況に陥らないように自らを律する自律のレベルまで幅広いイメージがありますが、予定された生産計画を確実に実行することが求められる製造現場にとって有用な知能化は、後者の自律のための知能化です。

従来のロボットによる組み立ての自動化では、製品の位置を治具で正確に位置決めしたり、部品を専用のパーツフィーダで供給するなど、ロボットでの作業を確実にできるように周辺機器でセットアップする方法が一般的です。しかし治具類は作業の確実性向上には有用ですが、作業の柔軟性を低下させます。そのため、確実性と高速性を優先する量産品に治具類を多用することは合理的ですが、新興工業国の製造業と競争するための多品種少量生産、あるいは変種変量生産*には向きません。そこで、ハンドに装着したビジョンセンサで製品や部品の種類や位置を認識し、ロボットの手首部に装着した力覚センサで作業の状況をモニタリングするというように、外界センサを活用することで、位置決め治具などの周辺機器を削減する効果を狙うようになります。知能化としてはごく初歩的ですが、設備の柔軟性を高める成果と、コストダウン効果の双方が得られますので、日本の製造現場に向いた知能化と言えます。

＊　変種変量生産は、多品種少量生産よりさらに生産品種と生産量に柔軟性を持たせる生産を指します。生産設備を構築する場合に、一般的には対象とする生産品目を決め、その範囲内で対応できる生産システムを設計します。生産品目を幅広くカバーするのが多品種となりますが、製品寿命が短くなりかつ技術革新の早い製品分野では、来るべき生産品目の変化をある程度想定した設備投資をする必要があります。これが変種という捉え方です。
生産量についても、一般的には少量であれば少量なりに、大量であれば大量なりに生産設備を組むものですが、量産品も小ロット品も両方こなせる生産設備のシステム設計は難しくなります。これが変量という捉え方です。いずれにせよ変種変量生産は、単独の生産設備の設計問題として捉えるのではなく、将来をある程度見越した生産システムの設計問題として捉える必要があります。

■ ビジョンセンサと力覚センサによる知能化

ビジョンセンサと力覚センサは、1990年代後半から徐々に製造現場でも使われるようになり始めましたが、2000年代に入ると、ロボットの知能化技術として、ロボットの制御と深くかかわる使い方が開発されていきます[9][10][11]。ビジョンセンサによる画像処理、画像認識技術は、人工知能の一つのカテゴリとして古くから研究開発の対象となっており、ロボットが視覚を得ることにより実現できる知能化については大きな期待がかかっていました。1970年代には、白黒の平面情報で高速な処理ができる2次元2値画像処理が産業用途にも利用されるようになりました。部品実装機などの専用機に組み込まれた、高速2次元画像処理による部品の位置認識や文字認識などが、代表的な産業への実用例でした。しかし、一般工場での組立現場のように照明などの現場環境が多様で、表面性状がそれぞれ異なるワークを3次元形状として認識しようとすると、難易度は格段に上がります。そのため、確実な稼働で安定した生産能力が求められる製造現場では、ビジョンセンサへの期待は大きいものの、現場への導入は敬遠される傾向にありました。

1990年代以降、半導体加工技術の進歩とともにCCDイメージセンサ、CMOSイメージセンサなどのディジタルイメージセンサが進化し、2000年ごろには価格も下がり使い勝手の良いビジョンセンサが製品として登場するようになりました（**図3-5**）。使い勝手の面では、用途に応じてさまざまな条件設定や所望の画像処理、画像認識アルゴリズムをプログラムとして組み込むことができるようになり、ビジョンセンサの使い方の幅が広がりました。また、立体視による3次元形状認識を可能とする3次元ビジョンセンサの開発も加速され、実用化製品も現れるようになりました。このようにして、ビジョンセンサもシンプルな用途に簡単に使う場合から、応用処理技術を駆使した、他社には真似できない高度なシステムまで、幅広いさまざまなシステムが実現できる有力なシステム構成要素となりました。システムインテグレータの中には、ビジョンセンサを活用した画像処理を得意技術としてアピールする企業も現れて

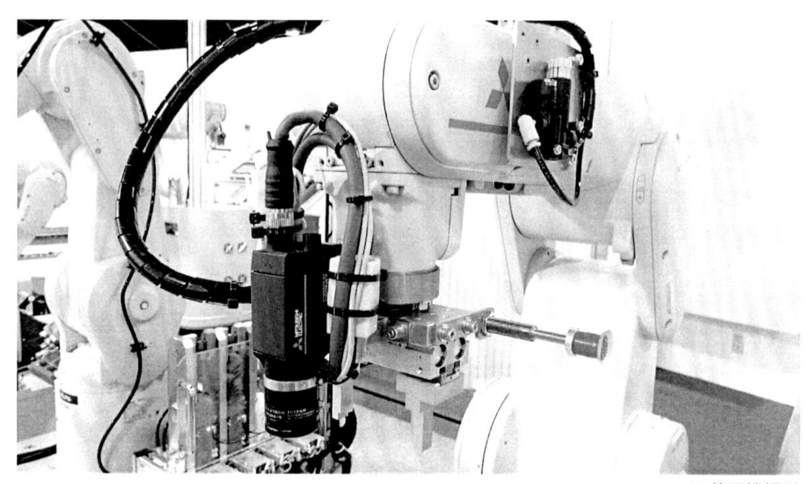

三菱電機提供

図3-5　ロボットの手首部に装着したビジョンセンサ

います。

一方、ロボットの手首部に装着する力覚センサについても、1970年代からロボットの研究対象となっていましたが、ビジョンセンサと比べると用途が限定的で、製品化もあまり活発ではありませんでした。しかし1990年代後半から、安価なロボットの手首部に装着するタイプの力覚センサ製品が増え始めた2000年代以降になると、複数種類のセンサとロボットの制御の組み合わせでロボットシステムの知能化を目指す動きが出始めました（**図3-6**）。

力覚センサは、ロボットの動作と組み合わせて初めて機能が発揮できる点で、単独でも機能を発揮するビジョンセンサとは異なります。たとえば、力覚センサはコネクタ挿入において、正しくソケット内に挿入できたか、正しい位置まで挿入できたか、ひっぱっても抜けないか、などの状況モニタリングに効果を発揮します。これらはすべてロボット動作に伴うセンシングです。そのため、力覚センサの活用には、ある程度ロボットの動作制御能力が必要で、ロボットの制御機能が充実した2000年以降にようやく普及し始めたものと考えられます。

図3-6　ロボットのメカニカルインターフェースに装着した力覚センサ

■ 3次元ビジョンシステムの例：ばら積みピッキング

3次元ビジョンセンサの有望な適用システムとして、ロボットによるばら積みピッキングがあります。ロボットによるばら積みピッキングについては、2000年代から実用化研究開発が盛んになり、システム製品として提供する動きも始まりました[12][13][14][15]。

ばら積みピッキングとは、ばら積み状態の部品の山から部品を一つ取り出す方法です（**図3-7**）。ばら積みピッキングができれば、自動化のために手作業で部品を整列する作業、あるいはパーツフィーダなどの部品整列供給機の導入などが不要となりますので、実現への期待は高く、ビジョンセンサの応用研究としては1990年代から取り組まれていました。

ロボットによるばら積みピッキングには2段階の難しさがあります。最初の難しさは、部品がバラバラな方向を向き、重なり合い、場合によっては絡み合ってばら積みを構成しているため、部品の一つ一つを分離して認識するのが難しいことです。これは3次元画像処理と対象物の認識技術の問題です。

次の難しさは、対象物が認識できても、部品の状態によっては所定の方向で

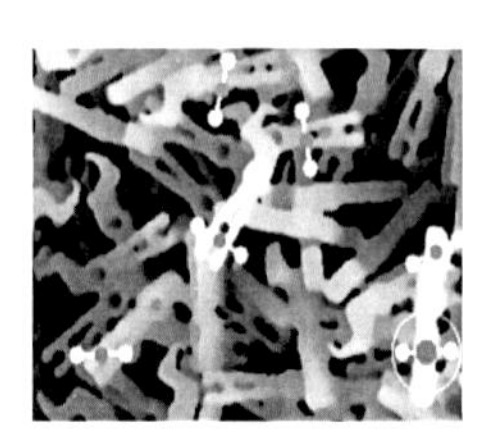

認識結果

三菱電機提供

図3-7　ばら積みピッキングの例

ピックアップできない可能性があり、ロボット作業プランニングが必要になります。さらに、この一連の処理がピッキング所要時間（通常は数秒以内）で実施可能であれば、組立生産ラインの中で部品供給装置として使えるという期待もあります。ロボットによる、ばら積みピッキングの一連の処理を**図3-8**に示します。ロボットによるばら積みピッキングは、対象物の認識とロボットによる作業実施の2段階で構成されます。

対象物の認識段階では、ばら積み状態の画像情報から奥行き情報を得て3次元データを獲得し、その3次元データから個々の対象部品を分離認識する処理が行われます。ばら積み状態の3次元データを獲得する手法として、複数のカメラによるステレオ視画像から対応する部分を抽出し、その視差とカメラの位置から奥行き情報を得る方法（ステレオマッチング法）、あるいは対象物表面に特定のパターンを能動的に投射し、投射方向とは別の角度から見たカメラ画像でパターンの見え方から奥行き情報を得る方法（空間コード化法）など、ある程度技術として完成されてきました。それぞれに欠点もありますので、実用的にはこれらを組み合わせた方法も採用されています。

3次元データから個々の対象部品を分離認識する処理では、正攻法としては

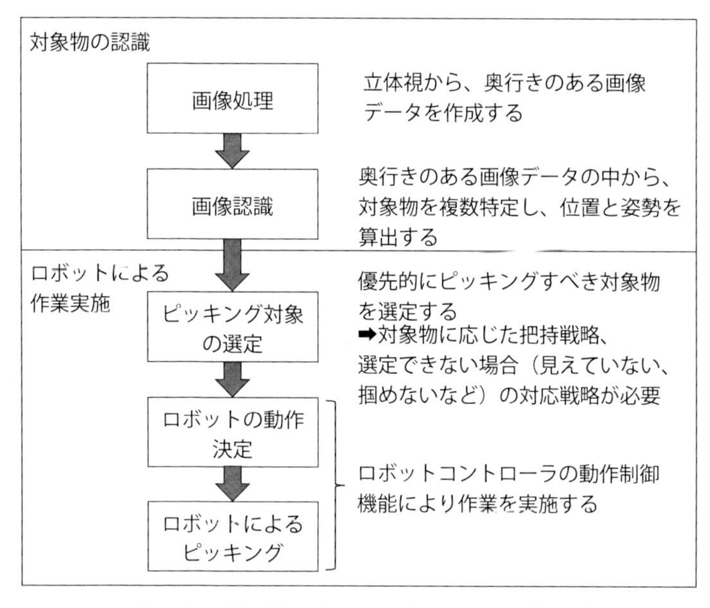

図3-8　ばら積みピッキングシステムの構成例

一つの対象部品の見え方とばら積み状態の3次元データとのパターンマッチングになります。ばら積みピッキングでは処理時間の短縮や、重なり合いなどによる不完全な3次元情報でのマッチングなどさまざまな工夫がされるべき処理で、実用製品としての優劣がきまるところです。

部品の位置が判明したら、次はロボットの作業計画に入ります。基本的には上から順番にピックアップすればよいのですが、部品の状態によっては、つかみたい位置でつかめない、ハンドがばら積み部品の入った箱にぶつかってしまう、部品が絡み合っていて一つだけつかみ出せそうな部品が見つからないなど、ロボットシステムとして解決すべき現場的課題が多く発生します。これらのシステム的課題の多くは、対象部品の特徴や目的とする作業に応じて解決すべき課題です。対象部品の特徴や目的とする作業に応じて、画像処理やピックアップ方法を簡略化して実用性を高めるようなシステム上の工夫も考えられます。たとえば、ばら積みの山から適当なひとつかみを仮置き台に落として、画像処理しやすくするというアイデアもあります。板材であればばら積み山の一番高いところだけに着目する、長物材であれば並行した隙間を見つけて、その同辺だけテンプレートマッチングすればよいというアイデアも出てきます。

一般的にも、ビジョンセンサを応用したロボットシステムでは、ビジョンセンサの機能や性能に頼り切るのではなく、ロボットシステム全体で必要な仕様に落とし込むことにより、機能や性能を実現するためのコストが大きく変わる可能性があります。ばら積みピッキングは、ビジョンセンサの能力とシステム設計上の工夫により、目的に対して妥当なロボットシステムを実現する格好の事例です。

■ ロボットの知能化と組立セル生産

知能化が効果を発揮するロボットシステムの具体的な例として、2000年代初頭から注目されはじめたロボットによるセル生産について解説します[16][17]。ロボットによる典型的な自動化といえば、搬送ラインにそってロボットを配置し、製品を順送りしながら分業化された作業をロボットが順次行い、製品を完成させるライン型生産です。ライン型生産は、量産型の生産システムとしては合理的な使い方ですが、小ロット生産や多品種少量生産には向きません。また製品の切り替えサイクルが短く、生産設備の更新頻度が高い生産では、リードタイムの短いコンパクトで融通の利く自動化が期待されます。

このような期待から、2000年以降からロボットによるセル生産への試みが目立ち始めました。もともとセル生産はごく少人数が小さなエリアで製品の組み立てを行う人手作業の方式です*。ロボットによるセル生産は、人手による

＊　人手によるセル生産には、１人の作業者が全工程を受け持つ一人屋台、Ｕ字型に構成したコンパクトなラインの中で2、3人の作業者が協力して、複数工程の掛け持ち作業をしながら製品を完成させるＵ字セル生産などがあります。
セル生産はライン生産に比べて、時間当たりの生産能力は落ちます。それでも、何よりコンパクトに構成されることがメリットで、段取り替えが容易で多品種にも柔軟に対応しやすくなります。デメリットとしては、練度の高い多能工が必要なことです。また、ライン生産と同じ生産能力を得るためには、複数のセルを導入する必要があります。そのため、設備投資額や総スペースでは必ずしもセルの方が有利になるとは限りません。ただし、生産量に応じたセル数の増減など、状況に応じた投資管理が可能になります。

セル生産と同様の掛け持ち作業をロボットで実現する方式で、ラインに並べたロボットによる分担作業より、ロボット本来の使い方と言えます。

ロボットによるライン生産では、部品の組み付け、ねじ締め、コネクタ挿入などそれぞれの作業を確実に実施するために、それぞれのステージで作業用のエンドエフェクタ、位置決め治具、部品供給のためのパーツフィーダなどが準備されています。これらの周辺機器のセットアップが、ロボットによる早いタクトタイムでの安定した作業を支えています。

一方、1台あるいは少数のロボットで構成するセル生産では、ロボットが複数の作業をこなす必要があります。基本的な方針としては、位置決め治具やパーツフィーダに頼らず、ロボットのフレキシビリティを活かすようにシステムを設計する必要があります。そこで、ロボットによるセル生産では、ビジョンセンサや力覚センサを活用したロボットの知能化を活用することになります。ハンドアイ（ロボットの先端にビジョンセンサを取り付ける）と手首部の力覚センサを装備したロボットを標準的に使用し、必要に応じて固定ビジョンを配置することで、柔軟性を重視した生産システムを設計するイメージです（図3-9）。

・部品供給とロボットの知能化

セル生産の場合、部品供給方法はシステム全体の構成を大きく左右します。部品供給方法としては、整列したトレーで供給する方法、ばら積み状態で供給する方法、あるいは何らかのパーツ供給装置を使用する方法などがあります。上流の部品製造工程でトレーに整列してセルに供給するか、セル側でばら積み状態からピックアップするか、いずれが適しているのかは部品製造も含めた生産システム全体の合理性判断によります。ばら積みピッキングも実用的になり始めたため、シンプルな形状の部品であればばら積みピッキングでも良いですが、セルで安定した生産をするためには、できるだけ上流の部品製造工程で整列する方が合理的です。トレーの位置ずれや整列部品の多少の乱れは、ハンドアイで認識することにより、部品供給部の治具類は省略できます。

購入部品など上流工程で整列できない部品の場合は、部品受け入れ工程で、ばら積みピッキングにより部品整列トレーに入れるアイデアもあります。この

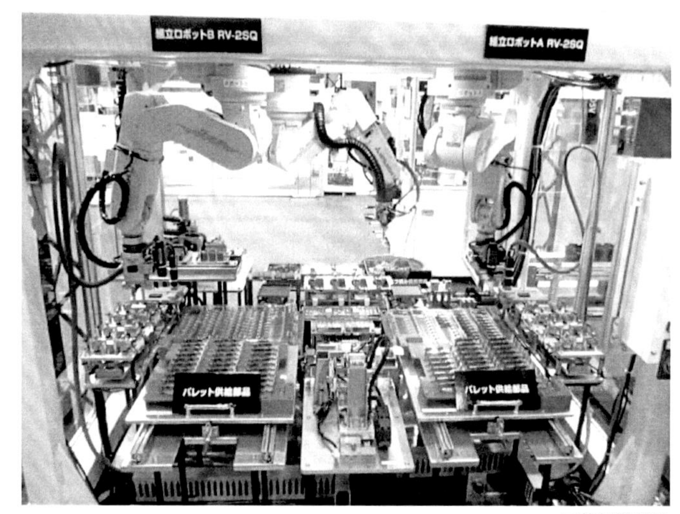

三菱電機提供

図3-9　３台のロボットによるセル生産の例

場合、一通りの部品をロボットが作業しやすいようにキッティングしたトレーを作ってしまえば、組立セルの負荷はさらに軽減され、シンプルで安定したセルになる可能性もあります。いずれにせよセル生産における部品供給方法の選定は、上流工程も含めて生産システム全体の合理性から判断します。

・複腕協調と干渉回避

また、セル生産を実現するにあたってロボットの制御にもクリアすべき技術課題があります。複数台のロボットが同じステージで複数の作業を行うセル生産では、各ロボットがそれぞれ並列して個々の作業を行ったり、時にはロボット同士で協調作業を行ったりするという使い方になりますので、ロボット同士の干渉回避や複数台のロボットの協調作業などを制御する機能が必要になります。これらの機能は一般的なロボットシステムにおいてもロボットシステムの可能性を広げ、安全性を高めることになります。

複数ロボットによる協調作業として最もシンプルなのは、一方のロボットが作業を、他方のロボットが位置決め治具の代わりになるような使い方です。た

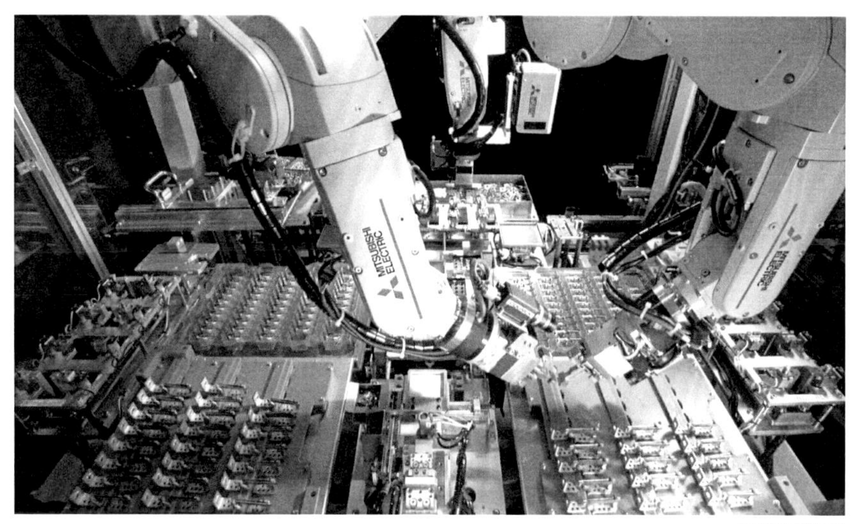

三菱電機提供

図3-10　2台のロボットによる協調作業の例

とえば、一方のロボットでワークを把持して、その状態を他方のロボットのハンドアイで確認するような使い方です（図3-10）。この場合は、お互いの位置関係など精度的な性能の影響を受けますので、セル内におけるロボットの設置状況のキャリブレーションなどが必要になります。このキャリブレーション作業にハンドアイを有効活用することも可能です。

このシンプルな協調は役割分担としての協調作業ですが、さらに一歩進めて、力覚センサやコンプライアンス制御の応用で、お互いの動作自体を協調させる作業も可能になりました。たとえば重い長物ワークを2台のロボットで水平に運ぶような場合に、一方のロボットが先導し、他方のロボットはそれに追従しつつも水平方向の剛性を下げて相手の動きに従うような協調作業です。一つの部品を何か所もねじ止めするような作業でも、ワークを保持するロボットとねじ止めするロボットが主従の関係を変えつつ、協調動作により首尾よく作業を終えるプログラムを組むことができます。

セル生産においては、協調作業能力を活かして、時には各ロボットが独立して作業し、時には力を合わせて協調作業をし、場合によっては3台で協調させるなど、独立動作と協調動作の組み合わせにより、治具に頼らない高度な作業を実現することも可能になります。

セル生産ではロボットを近接して利用しますので、ロボット間相互の干渉回避への配慮も従来以上に必要になりました。従来もロボット同士を近接させて使うこともありましたが、干渉の可能性がある干渉領域を小さくして、そこへの同時進入を避けるという、シンプルな排他的なインターロックで十分でした。ところがセル生産では、複数のロボットをコンパクトな空間に配置しますので、干渉領域が大きくなり、排他的なインターロックではまともに生産ができません。

干渉を回避するためには、まず動いているアーム同士が干渉する可能性を把握する必要があります。2000年代のロボットはソフトウェア側で、動作空間内にバリアを設定する機能も実現しています。たとえば、ロボットの動作範囲内に壁がある場合、壁の少し手前に平面を数式的に設定し、ロボットの一部がその平面を超えるようであれば直ちに停止するような機能です。この機能は、特にシステム立ち上げ時など、ロボットを手動で操作するときに、周辺機器などにうっかりぶつけないようにするためには便利な機能です。たとえばこの機能を応用して相手側のロボットのアームを円筒のバリアで覆い、相手側のロボットの動作とともに動くバリアを検知することで、アーム同士の干渉の可能性を検知することができます（**図3-11**）。干渉の可能性を検知した場合の回避方法は、作業の優先度などから判断するようなプログラムを組むことになります。

・セル生産の欠点とそれを補うシミュレーションとオフラインプログラミング

複数のロボットで構成するセル生産の有用性を見てきましたが、1台で同じ繰り返し作業を行うロボットシステムと比べて、システム設計からティーチングやプログラムの動作確認などの立ち上げ作業まで、格段に手間がかかるという最大の欠点も持っています。これを解消するために、システム全体のシミュレーション機能を備えて事前のプログラム検証が行えるオフラインプログラミングシステムが不可欠な存在になります。

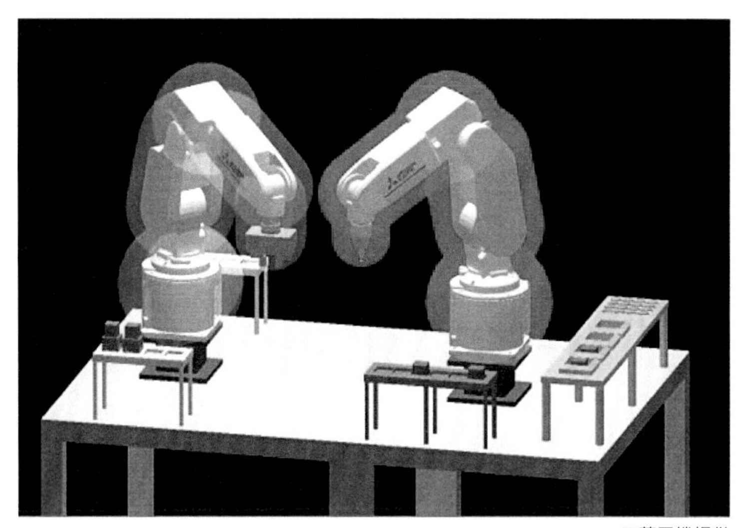

三菱電機提供

図 3-11　2台のロボットの干渉検知機能のモニタ画面

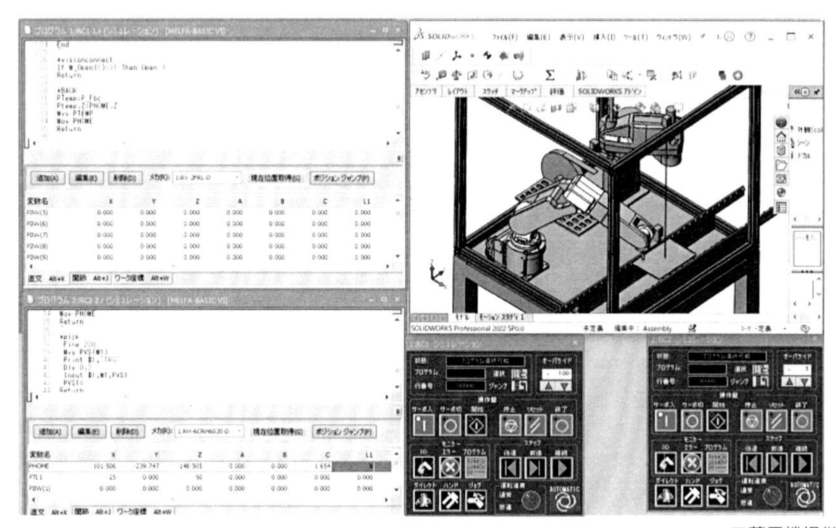

三菱電機提供

図 3-12　複数ロボットのエンジニアリング環境としてのプログラミングシステムの例

第一次から第三次までのAIブーム

2006年に人手を介さずにコンピュータが自ら学習するディープラーニング技術が開発されました。それ以来、機械学習を中心とした人工知能の研究開発や実用化が盛んにおこなわれている現在は、第三次AIブームと言われています。

ばら積みピッキングのようにあるがままの状態から画像認識を行う場合は、対象物の見え方は対象物の姿勢や重なり具合のほかにも、照明の当たり具合、対象物の表面の光沢、対象物の変形など、画像としての見え方におけるノイズ成分が非常に多くあります。そのため、実際のシステムではさまざまな条件の調整が必要になります。このようなケースで、機械学習によって対象物のさまざまな見え方をシステムが習得することで、煩雑な調整に頼らずに正確な認識ができる能力が獲得できます。その実施例も数多く報告されています。

ディープラーニングの半世紀前、1956年にダートマスでAIの先駆者が集結した会議から第一次AIブームが始まったとされています。第一次AIブームでは推論と探索のプログラム開発が中心でした。当時は計算機がまだ非力であったため、研究成果としても可能性を示すにとどまることが多く、1970年代半ばにはブームは終わりました。

1980年代に入り、専門家の知識から抽出した論理的ルールを使用するエキスパートシステムが脚光を浴びるようになり、第二次AIブームが始まります。扱う領域を限定することにより実用的な成果に至る事例も上がりました。エキスパートシステムでは知識ベースを作るために、熟練者から知識を収集するという人手を介する難しい作業がネックでした。現在の機械学習の原型となるニューラルネットワークについてもこの時期に注目され、一部は実用にも供されています。

幸いにして1990年代後半から2000年代にかけて、プラットフォームとしての3次元CADが発達しました。その上にさまざまなエンジニアリングツールが提供されるようになり、これらをロボットのオフラインプログラミングシステムとしてカスタマイズすることも可能になってきました。従来のオフラインプログラミングは、文字通りプログラムを組んで動作確認をするというプログラミングツールを指していましたが、2000年代以降はプログラムの作成検証機能はその一部にすぎず、システムを設計しその妥当性を評価するロボットシステム開発環境として進化し始めます（**図3-12**）。

セル生産のような複雑なプログラミングでは、作業の最適化やトラブルの発生予測などに、機械学習などAI技術の活用によるプランニング機能の導入なども期待されます。

1-3　システムインテグレーションとロボットビジネス

2000年代のロボット技術を象徴する取り組みとして、ロボットの知能化や、複数の知能化されたロボットによるセル生産について見てきました。ここで重要なのは、ロボットにより実現できる生産システムの幅が、単純な繰り返し作業から複数ロボットによる協調作業によるセル生産まで、大きく広がったということです。とはいえ、単純な繰り返し作業で構成したロボットラインより複数ロボットによるセル生産の方が必ず優れた解であるとは限りませんし、同じようにセル生産を目指してもユーザが目指す自動化効果に対して適切な設計になっているかどうかで、生産設備としての価値は大きく異なります。

生産設備の価値は、技術的に最も進んだものが必ずしも高いわけではありません。ロボットを導入したユーザの目指すべき生産力強化の目的に合っていて、十分に使いこなせる設備が予算内で実現されているかどうかで評価されます。この生産設備の価値を産み出す活動がシステムインテグレーションであり、これを担当する事業者がシステムインテグレータです。産業用ロボットの適用の幅が大きく広がってきたことは、システムインテグレータによって、顧客の目的に合った多様なソリューションを提供できる可能性が広がったことを意味します。

一方、ロボットユーザの多様化も進みました。普及元年以来、主な顧客層は自動化技術に長けた製造業者でしたが、社内に自動化技術を持ち合わせてはいないが、製造現場の自動化を進めたい製造業からの需要も増えてきました。このような顧客層にとっては、生産設備投資に関するコンサルティングから実際の設備の設計製造に能力を持つシステムインテグレータの存在が不可欠になります。

2000年代以降エンドユーザとシステムインテグレータの協業による適切な生産設備の構築、システムインテグレータとロボットメーカの協力関係による多様なソリューションの実現という、ロボット業界のビジネスエコシステムが形成されはじめました。

■ ロボットシステムインテグレータの存在感

システムインテグレータにもいくつかのパターンがあることは序章で示しましましたが、ここで2000年代の事業形態の傾向を見てみましょう。

まず、エンドユーザ系のシステムインテグレータと言えば、産業用ロボットの初期市場において日本の産業用ロボットを鍛え上げた、自動車産業と電機電子産業の生産設備導入部門がその代表格です。ただし、これらのリーディング業種でも、生産システムの構想構築には社内リソースを活かすものの、具体化するシステムエンジニアリングは社外に委託する傾向も強まりました。生産設備に関する技術の幅が材料から情報処理まで大きく広がり、さらに情報処理系の技術進歩は急激ですので、それぞれを専門とする企業に委託する方が合理的であるという判断です。

独立系のシステムインテグレータとして最も多いのは、生産設備の請負製造や生産機械の製造販売メーカがロボットを活用するようになったケースで、ロボットを活用したシステムインテグレーションを主たる事業に変更する会社も多くなりました。その他、ロボットユーザであった製造業の生産技術部門から独立したエンジニアリング会社、あるいは産業用ロボットに将来性を見出して起業した会社などさまざまな起業形態があります。

ロボットメーカの中でも、ロボットの応用技術を開拓するシステムエンジニアリング部門を強化する傾向は強くなりました。自社内でもソリューション側からのアプローチを強化することにより、ロボットやオプションの製品企画をシステムインテグレータの視点で見直すことは重要な競争力につながります。いずれにせよ、ロボットメーカが得意とする業種や用途については、社内のエンジニアリング部門と関連会社で経験を深めて技術を磨く体制が不可欠です。

2000年代までに生き残ったロボットメーカでは、社内のエンジニアリング体制の強化とともに、社外のシステムインテグレータとの連携強化を目的とした「システムインテグレータパートナー会」を開設する動きも始まりました。

第一の目的は、ビジネスパートナーとしての関係強化です。ロボットを活用した自動化を期待したエンドユーザが、ロボットメーカに直接商談を持ちこむことは多くあります。ロボットメーカの営業技術者や応用技術部門による一次対応でも、システムの実現性評価やサンプル試験などは可能ですが、具体的なシステムの仕様展開の段階になると、実際にシステムを設計製造する能力のあるシステムインテグレータに委ねる必要があります。そのため、ロボットメーカにも信頼できるシステムインテグレータをビジネスパートナーとして活用する体制が必要となります。システムインテグレータ側にとっても営業チャンネルの強化になります。第二の目的は信頼関係構築のために情報交換の機会を拡大することです。一般的な意味での情報交換に加えて、開発情報などを多少開示した上での意見交換なども意図しています。

■ システムインテグレーション指向のロボット製品企画

ロボットメーカは、エンドユーザの製造現場で発揮できる能力を考えて製品企画をしています。しかし、製品企画の考え方はそれだけではなく、システムインテグレータの負荷を軽減し、システムインテグレータが独自の技術を活かすための機能を提供するという考え方もあります。

たとえば、2000年ごろの一つの傾向として、稼働現場で使用するティーチ

簡易操作型

多機能型

三菱電機提供

図3-13　簡易操作型と多機能型ティーチングペンダント

ングペンダントは簡略化し、システムインテグレーション用に機器組み込み型Windowsを搭載した多機能ティーチングペンダントを製品化する、といった動きもありました（図3-13）。また、システムインテグレータ各社が行った工夫をふまえ、ロボットメーカがシステムインテグレータの意向を製品に反映する動きも見られました。たとえば、システムインテグレータがプログラムのモジュール化をすすめ、ロボットメーカがその仕様をプログラミングツールに取り込むといった動きです。

ロボットメーカ側の製品企画では、システムで使用する際の使われ方をある程度想定して開発していますが、その意図がシステムインテグレータに十分に伝わらなければ、せっかくの製品仕様が活きません。たとえば2000年代に普及し始めたビジョンセンサや知覚センサを活用した知能化オプションは、センサの組み合わせやプログラムの組み方など、使いこなすうえでのノウハウが必要になります。このとき、メーカ側が想定している使い方を応用事例としてシステムインテグレータに提供することで利用が促進されます。

応用事例ごとに必要な構成品にサンプルプログラムをセットしてアプリケー

ションパッケージとして販売する例も見られました。たとえば、ビジョンセンサとコンベアの速度を検出するエンコーダ、これらを使用するために必要なインターフェース、サンプルプログラムをセットしたコンベアートラッキング・パッケージなどです。コンベア上を流れてくるワークの位置と姿勢をビジョンセンサで認識し、その瞬間からコンベアに取り付けたエンコーダでワークを追跡することにより、ロボットは流れてくるワークを止めずにピッキングするというアプリケーションです。

このように、ロボットメーカにとって、システムインテグレータは顧客であると同時にビジネスパートナーでもあるという重要な存在として位置づけられ、製品企画にも変化が見られます。

1-4　2000年代はロボット産業にとってどんな時代だったのか

2000年代はロボット産業全体にとって、生産機械としてのロボットの価値を高めることで競争力を発揮してきた時代から、ロボットの活用で実現する生産システムの価値を高めることで競争力を発揮するという方向に転換しはじめた時代となりました。

機能や性能が充実してきたロボットをうまく使いこなす格好の事例として、セル生産のような高度な使い方の開発も進められてきました。2000年代の展示会などではロボットメーカによるセル生産の実現事例の展示が多くみられましたが、エンドユーザやシステムインテグレータにとってはセル生産の事例を知ることより、知能化による生産システムの可能性の広がりを認識するという効果が大きかったと思います。

また、日本のロボット産業は、ロボットメーカが供給するロボットをエンドユーザやシステムインテグレータがいかに使いこなすかという構図から、エンドユーザやシステムインテグレータの自動化構想に対して、ロボットメーカがどれだけ役に立つシステムのネタを提供できるかという構図に、微妙に変化し始めています。それがために各ロボットメーカがシステムインテグレータとの関係の在り方を模索しようとして、各社独自のシステムインテグレータとの関係強化策が見られるようになりました。

2000年代から、ロボット産業がアジア製造業の需要拡大に伴う輸出依存型へ変化していったことは、産業用ロボットの市場の拡大という点では望ましいことです。しかし、国内需要が年代を追うごとに低下する傾向にあることは、日本の製造業の設備投資意欲の低さを反映しており、今後の国内のものづくりの行く末を案じざるを得ません。

同時に、生産財産業にとっても好ましい傾向ではありません。1980年代のロボット産業をけん引したのが日本の自動車メーカや電機電子メーカであったように、生産財産業は厳しいユーザの強い需要によって成長します。アジアの新興工業国における製造業の拡大は、アジア新興工業国におけるロボット産業の立ち上がりに結び付き、日本のロボット産業にとっては新たな国際競争の始まりになりました。

2　中国市場の急拡大による世界市場の急成長（2010年代）

ロボット産業は2010年代に待望の市場拡大期を迎えます。リーマンショックから回復した直後の2011年には、残念ながら3月に東日本大震災、7月にはタイの大洪水といった、製造業にとって製造拠点とサプライチェーンを毀損するような災害に見舞われました。それにも関わらず、日本製ロボットの出荷台数は初めて9万台を超えて過去最高を記録しました。2011年の災害の影響もあってか2013年まで国内需要を中心に若干の減少傾向になりましたが、2014年からは中国の圧倒的な需要拡大を中心としたアジア需要の本格化により急成長を遂げました。

日本製ロボットの出荷台数は、2014年に初めて10万台を超え、2016年には15万台、翌2017年には20万台を突破し、4年で倍増を果たしています。2018年は成長スピードこそ減速したものの、過去最高の21万7720台の出荷を記録しています（**図3-14**）。

ただし、この成長プロセスで、日本のロボット産業は30%におよぶ中国需要の動向に強く左右される市場へと変貌しました。その後の中国需要は、米中貿易摩擦、世界規模での感染症禍などの外的要因も重なって、高い水準ながら停滞傾向にあり、日本製ロボットの出荷は20万台前後での増減を繰り返しています（**図3-15**）。

2010年代の日本のロボット産業は久々に活況を呈しましたが、その一方で、世界市場における日本の供給シェアは大きくダウンしました。シェアダウンの傾向は2010年代に入って加速し、リーマンショック以前には何とか70%台を維持していたものの、2019年には50%を割り込みました。日本製ロボットは出荷台数こそ順調に拡大しているものの、世界需要の拡大の方がはるかに速く、中国製をはじめ東アジア製のロボットがシェアを拡大しています。

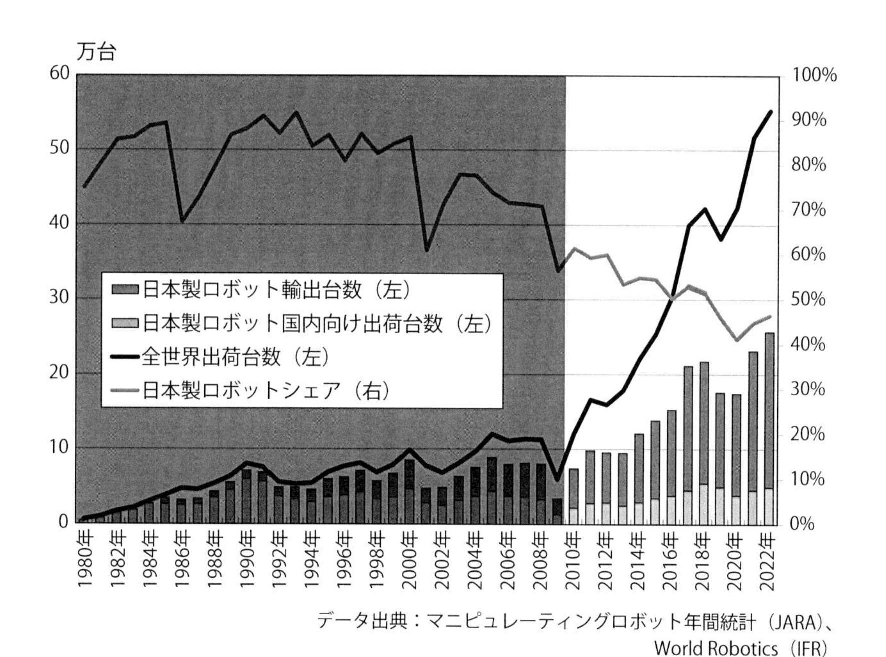

データ出典：マニピュレーティングロボット年間統計（JARA）、
World Robotics（IFR）

図3-14　2010年代の日本製ロボットの出荷台数

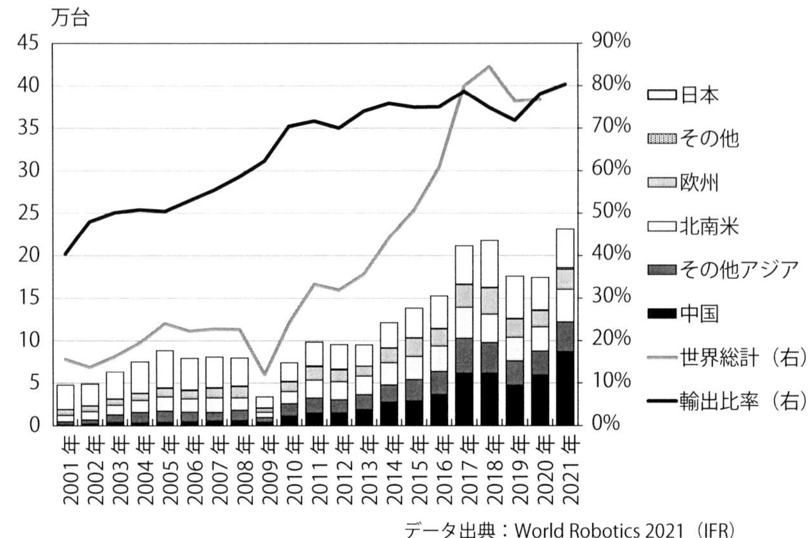

データ出典：World Robotics 2021（IFR）
マニピュレーティングロボット年間統計（JARA）

図3-15　日本製の産業用ロボット出荷先（2001年以降）

また、欧州勢は2000年代から中国での研究開発、製造体制の整備を始めましたが、2010年代には本格的に中国を中心とした事業体制になりました。ABBは2005年から中国製造を開始しましたが、2006年には早くもロボット事業部門の本社工場機能そのものを上海ABBに移管しています。さらに、2022年12月には大規模な新工場とR&Dセンターが上海で稼働を開始しました[13]*。KUKAは2014年から同じく上海で中国生産を始めましたが、2016年に中国の大手家電メーカである美的集団に買収されています。その後、中国広東省順徳区に新工場を開設し、2020年には増産体制に入っています**。

2010年代の製品としてのロボットは多様な用途、多様な使い方に対応する

＊　ABBは、ロボット事業創業の地・スウエーデンのヴェステロース工場、ミシガン州オーバーンヒルズ工場、中国上海工場の３工場体制ですが、2022年の上海新工場の開設により中国生産が同社世界生産の大多数を占めるようになるようです。

＊＊　KUKAは、ドイツ本国工場、上海工場、広東省順徳区工場の３工場体制となりました。なお、美的集団は2023年まではドイツ本社の体制のまま変更しないとしています。

方向を求め始めます。産業用ロボットの機構としては圧倒的に垂直多関節型が多いのは従来通りですが、さらなる動作の高速性を求めるパラレルリンク型ロボット、安全を確保しつつ人との協働作業を可能にすることを目指した人協働ロボットなど、ロボットの適用範囲を拡大することを目的とした新たな機種展開が見られます。また、ユーザあるいはシステムインテグレータによるカスタマイズをある程度容認する動き、ロボットコントローラのパソコン化やPLC化、ネットワークを通じてリモートでロボットをモニタリングする動きなど、新たなサービス的な価値を高めるような製品企画が目立ち始めています。

さらに、各種ロボット製品やオプション、ロボットに関わるサービス機能などを駆使して生産システムの多様性に展開する役割である、システムインテグレータの存在感はますます高まり、2018年にはついにシステムインテグレータの業界団体の設立に至りました。

2-1　中国市場の急拡大と中国のロボット産業

■ アジア市場の急激な成長に伴う変化

世界市場の2000年代から2010年代にかけた変化を、マクロ的な統計値から見てみましょう。**図3-16**は国際ロボット連盟（IFR）から毎年公開されている世界統計をもとに、10年ごとの変化の傾向を明確にするため2000年代と2010年代の各10年間の導入台数総計を比較したものです。IFRの統計は市場動向に注目していますので、出荷側のデータではなく、導入側のデータ、すなわち向け先で集計されています。なお、2000年代と2010年代では総台数で3倍になっていますので、構成比が変わらない項目でも台数は3倍になっています。

向け先別では、10年間の合算台数の比較で、中国の急伸と日本の停滞が際立っています。なお、ドイツの構成比が13%から7%に激減していますが、この間にドイツの国内需要が激減したのではなく、ドイツ経由の間接輸出の最終向け先を明確にした結果、ドイツ向けが減って東欧向けが増えています。ただ

2001〜10：2001 年〜2010 年の出荷台数の合計、全世界の総台数は 963,721 台
2011〜20：2011 年〜2020 年の出荷台数の合計、全世界の総台数は 2,868,945 台
（2001-2010 の 2.98 倍）

向け先	2001-10	2011-20
中国	5%	32%
日本	32%	13%
米国	10%	11%
韓国	13%	10%
ドイツ	13%	7%
その他	27%	27%

用途	2001-10	2011-20
ハンドリング	39%	45%
溶接	29%	22%
組立	10%	11%
クリーン	8%	8%
その他	10%	7%
不明	4%	7%

適用分野	2001-10	2011-20
輸送機械	37%	32%
電機・電子	18%	26%
機械・金属	10%	10%
化学・非金属	12%	7%
食品・飲料	3%	3%
その他	20%	22%

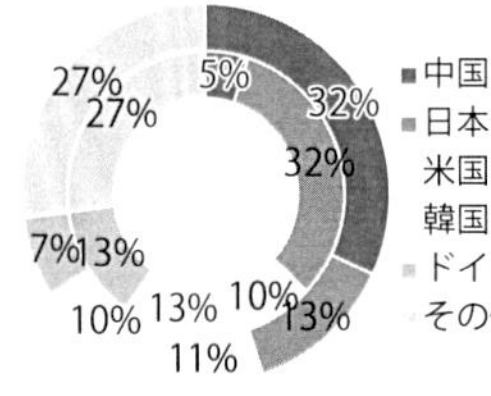

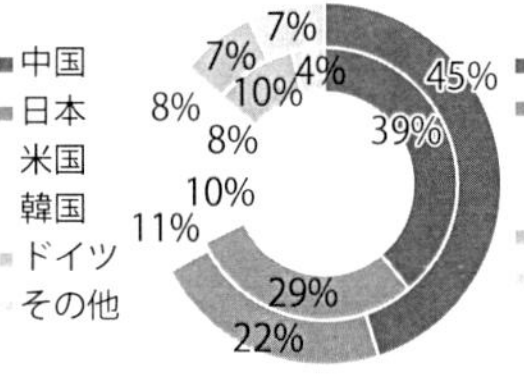

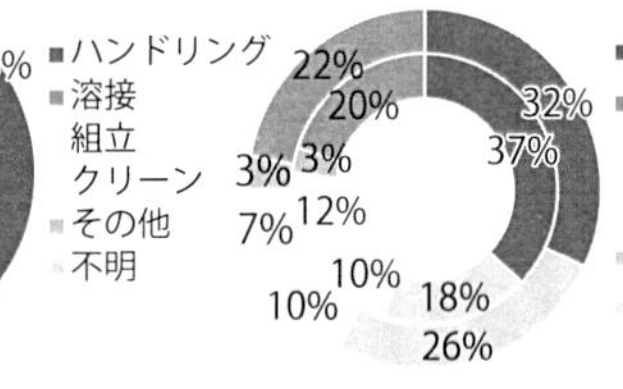

データ出典：World Robotics 2021（IFR）

図3-15　世界市場の各種構成比の10年変化

し、欧州の製造拠点が西欧から東欧に移動する傾向は2000年代から始まっていましたので、実態に合う形で統計値が修正されたという見方もできます。

用途別としては、溶接の構成比が減りハンドリングが増加しています。適用分野では輸送機械の構成比が若干減少して、電機電子が大きく増加しています。依然として自動車産業の溶接需要が大きなロボット需要を形成していますが、電機電子系の組み立てを含むハンドリング用途の需要が大きくなった傾向を示しています。

この傾向は、中国需要の急増とリンクした傾向です。**図3-17**、**図3-18**、に中国市場における分野別と用途別の台数推移を示します[19]。中国市場では、2010年代前半は自動車産業、溶接用途が先行して普及し始めましたが、後半になると電機電子産業、ハンドリング用途と組立用途が拡大しています。中国市場では、日欧米の電気機器メーカから製造委託を受けたFOXCONNなどの

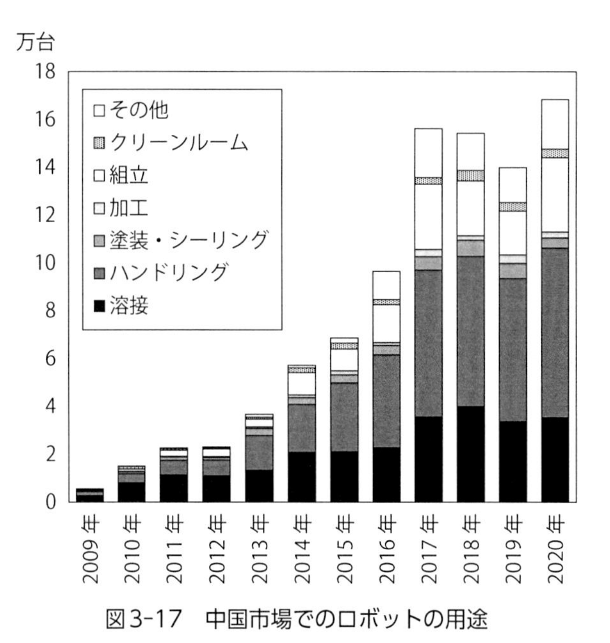

図3-17　中国市場でのロボットの用途

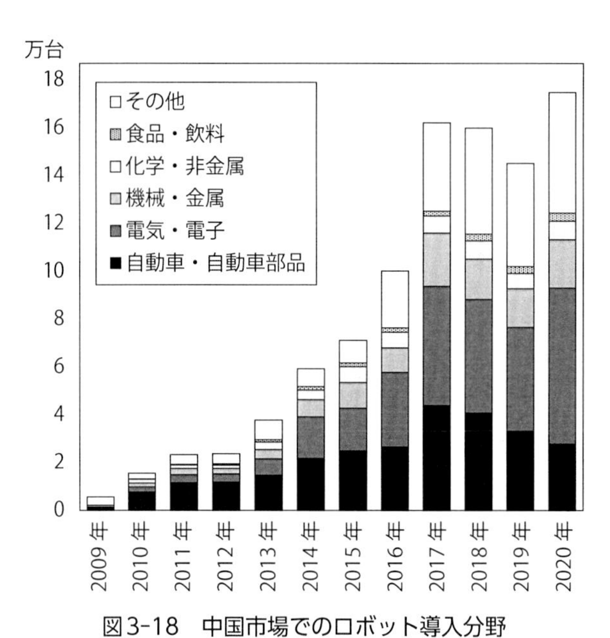

図3-18　中国市場でのロボット導入分野

製造受託企業（EMS：Electronics Manufacturing Service）が急激な生産拡大に対応するために、2010年代半ばころから、製造現場の自動化を一気に進め、ロボットを大量に導入しはじめたことがその背景にあります。

参考として、**図3-19**に中国における自動車とパソコンの生産規模の推移を示します。自動車産業と電機電子産業は、中国においても主要なロボット需要産業です。これらの産業では2000年以降一気に生産を伸ばし、産業用ロボットの導入が急速に進んだという背景をうかがうことができます。

■ 中国の製造業の発展経緯とロボット政策

中国のロボット市場は、2000年代から需要が目立ち始め、2010年代に一気に拡大するという経緯をたどりましたが、この経緯は国策と強く関わっています。ここで、中国における政策の変化に応じた経済の発展経緯と中国の製造業の進化のプロセス、それに伴うロボット関連政策の変化を見てみましょう[21][22][23][24]。

・「改革開放」による近代化開始

中国の近代化は、文化大革命が終焉し、1978年に鄧小平指導体制が提示した「改革開放」から始まりました。日本ではロボット普及元年を迎える直前です。

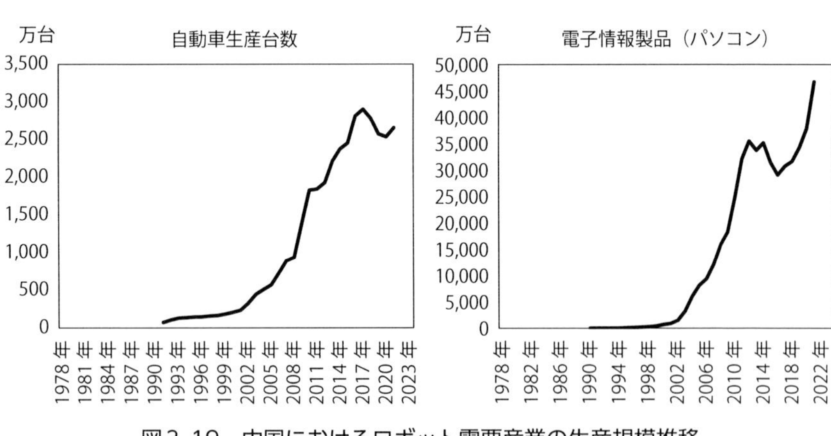

図3-19　中国におけるロボット需要産業の生産規模推移

国際ロボット統計を利用する上での留意点

ロボット業界にとって大変ありがたいことに、毎年国際ロボット連盟（IFR：Inter National Federation of Robotics）からロボットに関する国際統計と各国のロボット市場状況を整理した“World Robotics”が出版されています。

IFRはドイツのフランクフルトに本部を置く、ロボット産業振興を目的とした20ヶ国あまりの参加国による国際組織です。毎年各国のロボット産業を管轄する団体から、出荷向け先別台数、用途分野別台数データなどの報告、および各国国内の市場状況の報告を受け、これを“World Robotics”としてまとめています。世界市場の統計値としては、集計された各国のデータをもとに、国ごとの毎年の導入設置台数（Annual Installations）、すなわち需要統計を中心として整理しています。また、参考としてAnnual Installationsに耐用年数を加味して算出した稼働台数（Operational Stock）も公開していますが、こちらは推計値です。本書で使用している世界市場のデータについては“World Robotics”の一次データであるAnnual Installationsを使用しています。

本文中でも触れましたがAnnual Installationsの大多数は一次向け先の国名で報告されています。日本向け、ドイツ向け、米国向けには、間接輸出により中国、東欧、中南米向けに再出荷されたロボットが、特に2000年以降は少なからず含まれているものと推定されます。間接輸出の向け先をロボットメーカ側で完全に把握することは不可能ですが、日本ロボット工業会から、最終向け先が判明する場合は最終向け先に計上して報告するよう、2018年に改めて要請がありました。たとえば統計上は、2018年からドイツ向けの出荷が激減しましたが、これはドイツ国内のロボット需要が激減したわけではないと推定されます。日本のロボットメーカの多くが販売拠点をドイツに構えており、日本から欧州向けに出荷されるロボットの大多数がドイツを経由して東欧、あるいはアジア向けに間接輸出されていたので、ドイツ向け出荷として大多数が計上されていました。この間接輸出分の多くが、それぞれの最終向け先への出荷に変更されたことの影響と推定されます。データ上でもドイツ向けの輸出が激減しているのに対し、その他の欧州向けの台数は大きく増加しています。

また各国の市場の事情や産業構造による影響が統計値に表れることもあります。たとえば、産業用ロボットを代表する機種である垂直関節型ロボットと水平関節型ロボットについては、おおむね大手ロボットメーカが供給する外販製品で、日本、ドイツ、アメリカ、中国に導入されるロボットの80％前後がこの２機種です。

ところが、唯一韓国市場だけはこの比率が40％にすぎず、大半が直交座標型で計上されています。直交座標型ロボットについては、スライド軸を組み合わせることで比較的容易に構成できますので、日本の製造現場でも手軽に多く使用されています。日本では直交座標型ロボットとしては日本ロボット工業会にデータを登録しているロボットメーカの３軸以上の外販製品のみ計上していますので、ロボットの全出荷台数の10％以下にすぎません。韓国では設備メーカが製作して国内製造業に納入している、スライド軸で構成した直交座標型が多数流通しているようで、それが一括して国際データにも計上されているため、他国とは極端に異なる傾向になっているようです。このため“World Robotics”においては、韓国のデータには雑多な直交座標型が含まれているということで、（Any Type）という特記がついていた時期もあります。

データを解釈するうえで多少留意する必要はありますが、特定の産業用ロボットという特殊な一分野について国際統計が存在することは、業界全体の動向を知るために大変有効です。またデータの変化からその背景を探ると、さまざまな国や業種の状況の事情が判明することもあります。

実は「改革開放」政策の提出に先立つ10月に、鄧小平氏は日本を訪問しています。外交上の目的は日中平和友好条約の批准書交換式への出席と、昭和天皇との会見でしたが、産業振興政策の参考とするため日本の工業技術に触れることも大きな目的でした。新日鉄君津工場、日産座間工場、松下電器門真工場の見学を実施していますが、日産座間工場ではユニメートが並んだ車体のスポット溶接自動化ラインを見学しています[20]。

帰国後、12月の中国共産党中央委員会で鄧小平が提出したのが「改革開放」政策でした。「改革開放」は共産主義経済から市場主導型経済への移行を目指したものです。具体的には、企業経営の自主権拡大、地方分権の拡大などにより国内に市場を形成することを目的とした国内体制の改革政策と、外資や海外技術の導入を促進し先進国の力を利用して産業振興を図る開放政策です。訪日時の工場見学は開放政策に対する確信を得る目的であったと思われます。

「改革開放」は基本的に「経済発展は科学技術に依存する」という考え方に基づくことも提示されており、工業技術を重視する流れが作られます。1986年には、後のさまざまな研究開発プロジェクトの源流となる、国家ハイテク研究発展計画「863計画」が打ち出されました。バイオ、宇宙航空、オートメーションなどのハイテク分野の技術開発を政府が支援する国家プロジェクトです。後の有人宇宙飛行「神舟」やスーパーコンピュータ「曙光」の成果は「863計画」*を直接的な起源としています。

・近代化の加速

「改革開放」は1989年の天安門事件で一時停滞しますが、1992年に鄧小平が武漢市、深圳市、上海市など中国南部を巡回し「市場主義にも計画があり、社会主義にも市場がある」と市場主導型経済の有効性を説いてまわった「南巡講話」が功を奏します。再び「改革開放」が加速され、1990年代には中国経済が上向き始めます。日本はバブル崩壊を迎えており、「開放政策」に乗じて製

＊　「863計画」は1986年3月発表された国家高騰研究発展計画で、バイオ、宇宙、情報技術、レーザー、自動化、エネルギー、新素材、海洋、超電導などのその他という9項目に関する研究開発プロジェクトです。以後の中国における多くの研究開発の源流となっています。

造業の中国進出もこのころから盛んになっていきます。

また、90年代後半からは市場経済の本格化にあわせて、「科教興国」を宣言し、科学技術と教育により国を興すという方針が打ち出されました。21世紀に向けた教育振興行動計画として、世界一流の大学・ハイレベルな大学を目指すため、科学技術教育への重点投資も行われました。

・輸出拡大による経済強化

2001年に、中国は世界貿易機関（WTO：World Trade Organization）に加盟しました。中国は「改革開放」政策の延長線上に自由貿易圏諸国への輸出による経済振興を描いており、1986年にはWTOの前身であるGATTへの加盟を求めていましたので、WTOへの加盟は中国にとっては待ち望んでいたものでした。以後、目論見通り輸出を中心として経済振興が加速され、中国は経済大国へと進み始めます。しかし、一方では急激な経済発展が推し進められた結果、地域間格差拡大、農業の弱体化、環境・エネルギー問題の深刻化などのひずみが無視できなくなってきました。

2006年に示された「第11次5カ年計画」では工業構造の最適化など産業是正の方向が示され、同じく2006年に公表された「国家中長期科学技術発展規画綱要」には、以後15年間にわたる新たな技術開発の方向が示されました。この中では、国策として強化すべき11の重点分野が設定されており、これまでのように海外技術の積極的な導入ではなく、独自技術を強化すべきという「自主創新」が前面に押し出されています。いよいよ「改革開放」が変化し始めました。

この規画綱要の製造業関連項目を見ますと、製造業関連の重点特定プロジェクトには、「VLSIの設計製造技術」などと並んで、「ハイグレードNC工作機械」が挙げられており、さらに製造業で取り組むべき先端技術としては、「寿命予測技術」などと並んで「知的サービスロボット」が挙げられています。機械類のインテリジェント化を進めるための基本である数値制御（NC）技術を具体的に取り上げているのは注目に値すべきことで、これ以降は国の大号令下で中国製NC工作機械やロボットの開発が急ピッチで進み始めました。

2000年代半ばからは、機械メーカがロボットの製品化に着手したり、新たにロボットメーカを創業する動きも活発になり始め、中国ロボット産業は日本より30年遅れて黎明期を迎えました。ただし、すでに世界市場は立ち上がっており、日本から完成度の高い産業用ロボットや研究開発情報を入手することが可能な時代でした。

・内需拡大

リーマンショックによって輸出中心で成長してきた上海、広東などの東部沿海産業はダメージを受けましたが、これを機に輸出依存型経済から、内需拡大に向かいます。2011年の「第12次5カ年計画」では、合理性の高い投資、輸出のみではなく輸入も重視した貿易バランス、そして所得の拡大による消費主導の成長を目的として、内需拡大への政策転換を打ち出しています。産業促進政策では「戦略的新興産業」として、①省エネ・環境保護、②新世代情報技術、③バイオ、④最先端の製造業、⑤新エネルギー、⑥新素材、⑦新エネルギー自動車の7分野が明記されています。

第12次5カ年計画に記された④の「最先端の製造業」を受けて、2012年に策定された「智能製造装置産業発展計画」では、センサ、自動制御システム、産業用ロボット、サーボ機器などを基礎技術として、産学研の共同チームを組織化し、インテリジェントプラントを実現するとしています。国の研究機関である中国科学技術院は、研究開発のみならず、事業化促進のための出資に至る産業振興支援までを役割としているため、産学研の連携は非常に強力に機能します。たとえば、現在でも中国ロボット産業をリードする「瀋陽新松機器人自動化」*は、中国科学院瀋陽自動化研究所を母体として2000年に設立されたロボットメーカで、2020年代に入ってからも中国科学院の出資を受けています。

なお、2013年には中国ロボット産業連盟（CRIA：China Robot Industry

＊　社名の「新松」は創業者の曲道奎氏の師匠にあたる、蒋新松氏の名前に由来しています。蒋新松氏は、「863計画」では自動化部門のリーダを務め、中国科学院瀋陽自動化研究所で産業用ロボットの研究開発に着手、後に水中ロボットの開発で成果を上げたロボット研究の先駆者で、同研究所の所長も務めています。

Alliance）が中国機械工業連合会（CMIF：China Machinery Industry Federation）内にオフィスを構えて設立されました。

・製造強国への道

第12次5カ年計画の最終年にあたる2015年に「中国製造2025」が公開されました。この時点で中国は製造業のGDPで既に世界一となっていますが、「中国の製造業は規模は大きいが強くはない。イノベーション能力、資源利用効率、産業構造、情報化、品質、生産効率で後れを取っている」という問題意識から発案された製造業強化計画です。「中国製造2025」は、今後3回の10カ年計画を経て、建国100年の2049年までに世界を率いる製造強国とするための計画で、その中の最初の10カ年計画という位置づけで、「2025」としています。

「中国製造2025」に記載された取り組み項目は**表3-1**に示す9項目ですが、飛躍的発展を目指す重点分野の二番目に「先端ディジタル制御工作機械とロボット」が明記されました。以後、第13次5カ年計画（2016-2020）、第14次5カ年計画（2021-2025）では、製造業のコアコンピタンス強化、イノベーション駆動型科学技術推進の方向が維持され、各地方行政に展開された具体的政策により、ロボット産業振興策、自動化導入補助金などの政策が展開されています。中国における2010年代の産業用ロボット市場の拡大と現地ロボット産業の勃興は、このような国策の流れを背景としています。

2010年代の製造業GDPの上位を占めるのは、中国、米国、日本、ドイツの順ですが、中国は1990年代に上昇をはじめ、2000年代に急上昇しています。2004年にドイツ、2007年に日本、そして2010年に米国を抜いて、世界一の製造業国となりました。さらに上昇を続け、2020年の時点で中国製造業のGDPはアメリカの1.7倍、日本の3.8倍と圧倒的な製造大国となっています。

■ 中国市場における日本製ロボットの競争力

これまで見てきたように、中国では産業の中でも生産財産業を重要視する傾向は強く、特に製造強国を目指すために強化すべき生産財産業は工作機械とロボットだと見なしていることが、これまでの政策に表れています。中国の産業

表3-1　「中国製造2025」の概要：戦略任務と重点

(1) イノベーション能力の向上
産学官の連携システムの構築、製造業イノベーションセンター構想、知財強化など

(2) 情報化と産業化の融合
情報技術と製造技術の融合発展を加速し製造のインテリジェント化

(3) 産業の基礎能力強化
基礎部品、基礎工程、基礎材料、産業技術の基礎におけるイノベーション

(4) 品質・ブランド力の強化
品質制御技術、品質管理メカニズム、品質改良技術強化により中国ブランド力を高める

(5) グリーン製造の全面的推進
省エネ・環境保護技術の研究開発強化によりグリーンな製造体系を構築

(6) 重点分野における飛躍的発展
①次世代情報通信技術 ②先端ディジタル制御工作機械とロボット ③航空・宇宙設備
④海洋建設機械・ハイテク船舶 ⑤先進軌道交通設備、⑥省エネ・新エネルギー自動車
⑦電力設備、⑧農業用機械設備、⑨新材料、⑩バイオ医療・高性能医療機械

(7) 製造業の構造調整推進
大企業と中小企業との協調発展の促進、製造業の配置最適化

(8) サービス型製造と生産者向けサービス業の発展促進
製造業とサービスの協調発展の加速、生産型製造からサービス型製造へ

(9) 製造業の国際化発展レベルの向上
開放戦略の積極展開により外資利用と国際協力レベルをアップ、企業の国際競争力向上

用ロボットメーカは、2000年創業の政府系の瀋陽新松機器人自動化を先頭に、政策の後押しを受けて2000年代に順次創業されています。

中国製ロボットが統計値に表れる規模になるのは2012年からです。**図3-20**に中国市場における日本製ロボット、中国地場企業製ロボット、その他の推移を示します。市場全体はIFRのWorld Roboticsの導入台数、日本製ロボットは日本ロボット工業会の中国向け直接輸出台数、中国製ロボット台数はCRIAから随時発表された中国地場企業の出荷台情報を使用しています。「その他」の区分には、韓国や台湾などからの輸入品も含まれますが、大多数はABBやKUKAの欧州外資企業と日系企業の中国工場による生産品です。中国のロ

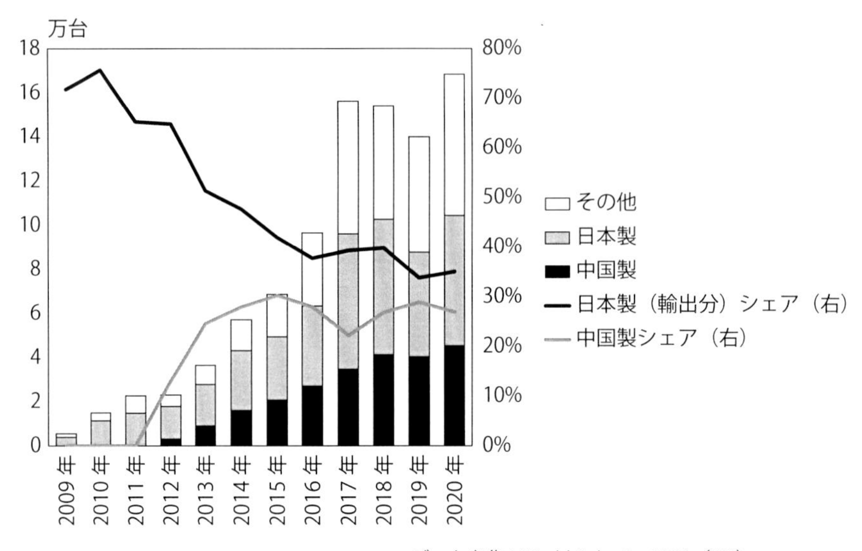

データ出典：World Robotics 2021（IFR)、
マニピュレーティングロボット年間統計（JARA)

図3-20　中国市場に供給されたロボットの出荷国別推移

ボット市場は日本製ロボットの輸入から始まり、外資の中国生産品の製品が加わり、中国地場企業による中国製が加わるというプロセスで形成されてきました。2010年代末からは、中国市場を日本製、中国製、その他でほぼ3分する状況が続いています。

2010年代末の時点で、中国製ロボットの機能や性能は、日本製ロボットの80%の完成度というイメージです。中国製ロボットは制御面で、各種の補償や知能化により速度や精度が向上している日本製にまだ及んでいません。しかし、各種の制御補償は、論理的なアプローチによりロボットメーカが単独で解決可能な研究開発課題ですので、いずれは同レベルに達すると推測されます。意外と差を詰めるのが難しいのは、ロボットメーカが単独では解決できない、キーパーツとシステムエンジニアリングに関わる技術課題です。

日本では1980年代から今に至るまでの間に、ロボットメーカとキーパーツメーカの関係が構築されてきました。キーパーツメーカ側にはロボットのニーズに応じたキーパーツを設計製造する技術、ロボットメーカ側にはそのキーパーツを使いこなす技術が蓄積されています。同じキーパーツを採用していても設計の違いで機械特性が変わりますが、日本のロボットメーカは日本のキーパーツを熟知し、最適な使い方をしています。

システムエンジニアリングについても、キーパーツの課題と同様で、ロボットメーカとシステムインテグレータとの相互関係により蓄積される技術課題です。ロボットメーカにとっては、生産技術に長けた自動車産業や電機電子産業の生産設備導入部門に鍛えられたというプロセスが、ロボット産業の財産になっています。ユーザニーズに応えていった過程で得られた技術は、ロボットメーカ各社には設計基準などの形で蓄積されています。一方、ユーザ側にもロボットを使いこなす技術が蓄積されて、システムインテグレータ側の設計基準などの形で蓄積されています。中国メーカの設計基準が日本メーカの設計基準のレベルに達するまでは、まだ多くの良質な経験が必要です。

なお、中国におけるロボット産業振興政策は、これまで解説してきたように連綿として続いていますが、特に2000年以降の政策にはおおむねキーパーツの国産化とシステムエンジニアリングの強化が織り込まれています。中国でも、これらの課題の解決を意識しているものと考えられます。

2-2　ロボットの変化型機種の拡大

ロボットの活用範囲が拡大し、多様な自動化課題に取り組む場合、さまざまな用途に応じてロボットの機構や制御装置が選択できることは、システムエンジニアリング側にとっては好ましいことです。ロボットメーカにとっては、個別対応製品は事業価値の面で対応しづらいですが、使い方は限定されるものの、ある程度広範囲に適用できる可能性の高いロボットであれば、今までと構造が違っても製品系列に加える動きも見られます。

■ パラレルメカニズムロボット

パラレルメカニズムロボット（パラレルリンク型ロボット）は、2000年代後半から複数のロボットメーカより製品発表があり、日本ロボット工業会の統計上でも独立した機構区分として集計されています。(**図3-21**)

パラレルメカニズムロボットは、実は1990年代にも製品化の動きがありました。1994年のシカゴ国際工作機械見本市で、米国の工作機械メーカからパラレルメカニズムを適用した製品が発表され、これを機に機械メーカ数社でパラレルメカニズムロボットの試作が行われました。この時のパラレルメカニズムは、その後普及する屈曲型パラレルメカニズムとは異なり、フライトシミュレータの駆動機構に見られるような直動機構を組み合わせたパラレルメカニズムで、高剛性・ハイパワーを特徴としていました。しかし、1990年代の時点では、ハイパワーのパラレルメカニズムの特性を活かせるニーズには出会えず、普及する製品とはなりませんでした。

一方、屈曲型パラレルメカニズムは、1983年にスイス連邦工科大学ローザ

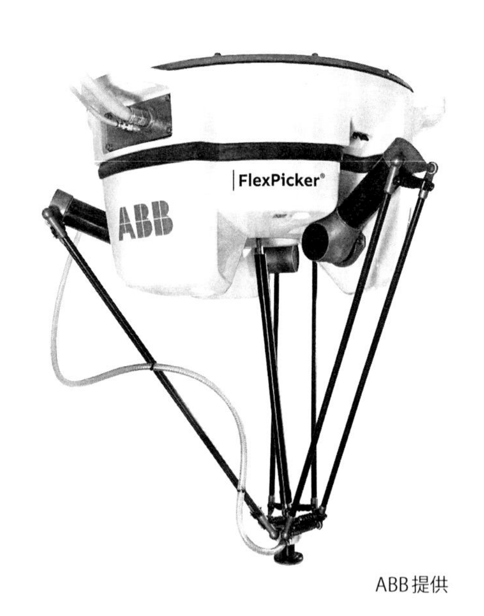

ABB提供

図3-21　パラレルメカニズムロボット

ンヌ校が開発し、DELTA型としてフランスのDemaurex社が特許を取得し*製品化していました。しかし回転駆動で構成される屈曲型パラレルメカニズムは、高速動作が可能である反面、剛性が低く、あまり目立った製品にはなりませんでした。1990年代に入りABBが高速性に着目し、Elekta IGS社から技術を購入して高速のピック＆プレースに向くロボットとしてFlexPickerの製品名で販売を開始し、独自に市場を開拓しました[25]。

多関節型ロボットの能力を超える高速作業に向くロボットとして注目され、2010年ころまでに複数のロボットメーカからDELTA型ロボットの製品が出そろいました。特に、製品単価の安い食品のピック＆プレースのように、高速性を何よりも重視する用途で使われるようになりました。現在では、IFRの国際統計上でも、垂直関節型や水平関節型と並んで、パラレルロボットは一つのロボットタイプとして分類されています[26]。

■ 協働ロボット

2001年に、米国から産業用ロボットの安全規格ISO10218：1992の改訂提案が出されました。ISO10218はロボットの安全に関する要求事項を規定したものですが、ロボット本体に関する事項のみならず、ロボットシステムへの安全要求事項も規定すべきとの提案でした。この議論が進み、2006年に先行して、ロボット本体への安全要求がISO10218-1：2006として発行されました。ここで新しく、人とロボットが協働作業を行う場合の安全要求事項が追加されました。

次いで2010年にロボットシステムへの安全要求事項ISO10218-2の審議を終え、両者を合わせて、ISO10218-1：2011、ISO10218：2011として発行されました。ここで初めて、国内規格でも人とロボットが協働作業を行う場合のロボットとロボットシステムにおける安全要求事項が示されました[27]。

ちょうどその審議の最中であった2005年に、従来の産業用ロボットの使い勝手を良くするために、協働作業ができるロボット（協働ロボット）の開発を

---

* U.S.Patent No.4976582など

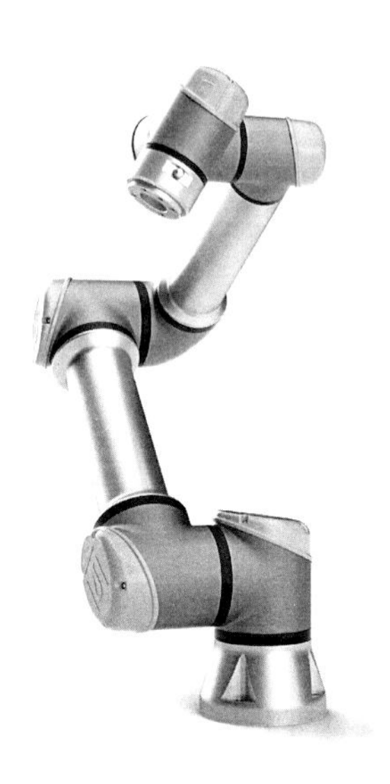

ユニバーサルロボット提供

図3-22　協働ロボット

目指して、デンマークでユニバーサルロボット社が設立されました。ユニバーサルロボットの協働ロボット第1号は2008年に出荷されています（**図3-22**）[28]。もともと、人とロボットが協働作業を行えるようにしたいという要望はありましたが、安全性の確保が課題でした。ISO10218の改訂と、ユニバーサルロボットによる製品化を機に、ロボットメーカ各社で協働ロボット製品化の動きが始まりました。

従来であれば、産業用ロボットは隔離を原則として、防護柵で囲って運用することにしていますが、ISO10218の協働作業の要件は、隔離の原則に従わなくてもよい可能性を示しています。日本における隔離の根拠は、労働安全衛生規則第150条の4に記載されている「産業用ロボットに接触することにより労働者に危険が生ずるおそれのあるときは、さく又は囲いを設ける等当該危険を防止するために必要な措置を講じなければならない」という規定にあります。そこで厚生労働省では、協働ロボットの製品化とISO10218の改定を機に、2013年に「産業用ロボットと人との協働作業が可能となる安全基準の明確化」

を目的として、防護柵で囲わないでロボットを運用する場合の要件を示した通達、基発1224第2号*を出しました。通達で示されている要件は以下の2点のいずれかです。

①リスクアセスメントを実施し危険のおそれがなくなったと判断できる場合（記録を保管）

②ISO規格に定める措置を実施した場合（技術ファイルと適合宣言書の作成）

もともと労働安全衛生規則では、「おそれのあるとき」「さく又は囲い等」とあいまいな表現となっていましたので、このあいまいさを排除したものと考えれば、①②項は理にかなった条件として受け入れやすいと考えられます。

協働ロボットは、ISO10218-1の協働作用の要件を満たす仕様をロボットとして実装したものです。ただし、協働ロボットは安全性確保と引き換えに、パワーに関するパフォーマンスの一部を犠牲にした仕様となるため、必ずしも生産性向上に役立つわけではありません。また、たとえロボット本体がISO10218-1に適合していても、最終的なシステムに組み込まれた後にシステム全体のリスクアセスメントやISO10218-2への適合評価が必要です。こうしたさまざまな要因があり、いまだ生産性と安全性のバランスがとれた、合理的な使い方は模索状態にあります。

協働作業への期待は相変わらず大きく、合理的な使い方の市場はあると思われますが、現在の協働ロボットはシステム要素としては発展途上の製品です。むしろ協働ロボットにこだわらず、協働作業の安全を確保するためのシステム構築技術という方向から考えた方が、合理的なシステムに到達できるでしょう。

---

*　各省庁から厚生労働省から出される通達は、行政機関が関係行政機関に対してその職務権限に応じて、命令するために発するものです。関係行政機関に対して発しますが、結果的にそれに関連する団体や民間企業は影響を受けることになります。
厚生労働省の通達では、労働基準局長からの通達は「基発」とされ、たとえば労働基準局安全課長の発令は「基安発」となります。現在では発令日がそれに続く番号になり、同日に複数発令されれば第1号、第2号となります。基発1224第2号は12月24日に発令された2番目の通達で、第1号はロボットとは全く無関係な通達です。

ロボットの安全衛生規則の制定経緯

産業用ロボットによる死亡事故は、ロボット普及元年から間もない1981年（昭和56年）に早くも発生しています。これを機に、1982年（昭和57年）7月に労働省（現：厚生労働省）による「産業用ロボットの実態調査」が実施されました。その結果、過去にも死亡事故2件を含む11件の労働災害、危険事例37件があったことが判明しました。その後専門家による議論を経て、1983年（昭和58年）に労働安全衛生規則第9節産業用ロボット（第150条の3～151条）が制定されました。

専門家による議論では、産業用ロボットは動力を有する産業機械なので、労働安全衛生規則の一般機械としての適用を受けることは当然のことですが、産業用ロボットの特殊事情として

・機械構造が単純ではないため、危険部位のカバーなどのシンプルな安全措置が充分に実施できない。
・教示作業など、機械の運転状態で接触の危険性のある人と機械の共存作業が必ず発生する。

という特殊性があることから、産業用ロボットを使用する上では、

・原則としてロボットは隔離すること
・教示、検査の共存作業時は特別な安全対策が必要であること
・製造現場での教育の徹底が必要であること

という3点に留意して安全衛生規則を改訂する必要があると決まり、第150条3～第151条が制定されました。

第151条3：産業用ロボットの教示作業における危険防止
第151条4：産業用ロボットの運転中の危険防止
第151条5：産業用ロボットの検査作業における危険防止
第151条：教示・検査作業前に実施すべき点検

ただし、当時は日本のロボット出荷台数は年間2万台に過ぎず、そのロボットも専用機的な固定シーケンスロボット、プレイバックロボットが大多数でした。現在のようにプログラマブルロボットが年間20万台出荷されるような状況とは全く異なるため、これらの条項は現状にそぐわないところもあります。そのため、必要に応じて公布される通達などにより、時代の要請に応じた運用ができるようにあいまいさを明確にしたり、解釈を変化させたりしています。

2013年の基発1224第2号は、第151条4の「産業用ロボットに接触することにより労働者に危険が生ずるおそれのあるときは、さく又は囲いを設ける等当該危険を防止するために必要な措置を講じなければならない。」という部分のあいまいさを排除し、明確化したものです。

■ コントローラの多様性

ロボット産業では、初期のころからロボットメーカがロボット機械本体とロボットコントローラを一体の製品として納入することが定着しています。ロボットコントローラはサーボモータを駆動するサーボアンプなどのパワー部と情報処理系のCPU部で構成されており、パワー部はロボット本体と一体のものですが、CPU部の構成はロボット本体の仕様には強く依存しません。最近は、情報処理系のCPU部の一部、あるいは全部を、パソコンやPLCユニットで代替することによりシステム構成の幅を広げる動きも出てきました。

従来よりロボットメーカは、ロボットコントローラはソフトウェア、ハードウェアともに品質保証の範囲として各社の設計基準、品質基準に適合する製品として管理していますので、ユーザあるいはシステムインテグレータによるカスタマイズは認めていません。しかし、応用システムが多様となり、技術力のある事業者が自らの技術を組み込んだシステムをロボットコントローラに外付けして新たな機能の実現を指向する動きも増え始めました。

最初の例は、ロボットメーカのロボットコントローラをモーションコントローラとして動作制御のみの機能を利用し、情報処理から動作指示までを外付けの自前のコントローラに実装し、システムのインテリジェント制御をすべて手の内でできるようにするというアイデアです[29]*。この方式ですと、システムインテグレータは独自の技術で各社のロボットを使ったシステムを自由に構築することができます。ロボットメーカとシステムインテグレータの一つの分業の形をコントローラの構成で実現したものと言えます。

次の例は、ロボットに新しい機能を付加する外付けコントローラです。ロボットコントローラの動作状況をリアルタイムでシミュレーションをすることにより、障害物との干渉を事前に検知し、自動的に回避動作をプランニングしてロボットコントローラに指示するという、外付けコントローラです。複数のロボットをネットワークでつないでロボット間相互の干渉を回避することが可能で、メーカの異なるロボット同士の干渉回避も可能にしてしまうというアイデアです[30]**。

ロボットコントローラのCPU部分をPLC（Programable Logic Controller）のユニットとして実現する製品も現れました***。複数のロボットコントローラを同じPLCベースに取り付けることで、いわばロボットの群管理を集中してできるようにした製品です。ロボットシステムを構成する場合、PLCをシステムのコントローラとして使用することは一般的に行われています。システムの制御はPLCにロボットや他の周辺機器を接続して、PLCのプログラムでシステム全体を制御

---

*　2011年設立の㈱MUJINのアイデアで、ロボットメーカのコントローラは使用しますが、情報処理部、動作指令部などはMUJIN社の外付けの知能ロボットコントローラで負担することにより、ビジョンセンサとの連携など知能化機能をすべて自社の手の内で実現することができます。ピッキングなど物流系のロボットシステム構築でその効果を発揮しています。

**　2020年に発売された、米国Realtime Robotics社のRealtime Controllerが実現した機能です。ロボットを高い密度で配置する組立セルで必要であったプログラミング負荷を、圧倒的に改善できるシステムで、なおかつメーカが混在していても使えます。

***三菱電機のQタイプコントローラは、ドライブユニットとロボットCPUに分離されており、ロボットCPUは同社のPLCであるMELSEC-Qシリーズにスロットインできるような設計となっています。

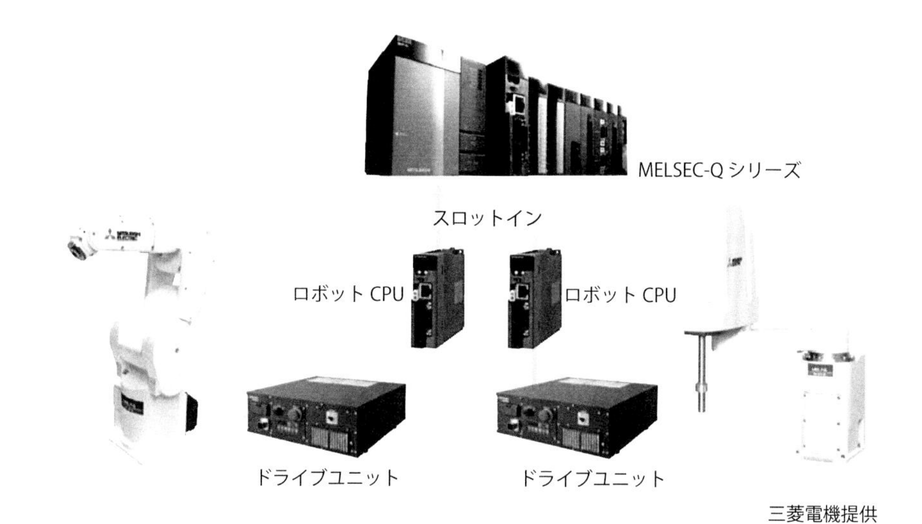

図3-23　PLCベースにスロットインするタイプのロボットコントローラ

します。たとえばロボットを複数台使用したセルの場合、全てのロボットコントローラをPLCユニットとしてスロットインすることで、ロボット間の通信の高速化やセンサ情報の共有化など緊密な連携がしやすくなります（**図3-23**）[31]。

ロボットが、単なる作業の機械への置き換えではなく、生産システムの高度な能力を実現するためのインテリジェントな生産財という位置づけになればなるほど、生産技術、機械技術、情報処理技術などをさまざまな形で取り込める仕掛けが必要になります。

2-3　製造業の国際競争力とロボットシステムインテグレーション

1990年代以降、日本の製造業の海外生産指向は加速し、2015年には海外生産額は135億円に達しています。しかしそれ以降伸びは止まり、最近では国内回帰の傾向も見られます。

そもそも、安価な生産コストを求めた海外生産は、現地の生産コストが高くなればその地で生産を続ける意味はなくなります。安価な生産コストを求めた海外生産先の多くはアジア諸国でしたが、そのアジア諸国の製造業の発展はおのずと生産コストのアップにつながってきました。すでに日本の企業が生産を続けることに事業価値が見いだせない製品もありますが、生産を続けることに事業価値が求められる製品は、改めて国内生産による国際競争力を検討することになります。アジア諸国でも自動化能力が上がってきていますので、国内生産で競争力をつけるためには、日本ならではの自動化を求める必要があります。

■ 生産の競争力とシステムインテグレーション

生産の自動化は基本的に競争力強化のための設備投資であるため、競争力が維持向上しなくては意味がありません。多くの場合、生産の適切な自動化ができれば、他社より価格面や品質面での競争で優位に立てるはずです。

ところが、その生産システムで製品を作り続けると、ビハインドを感じた競合他社はそれに打ち勝つ手段を打ってきます。すなわち、自動化は稼働開始時点が最も競争力があり、時間とともに競争力は低下していくことを覚悟する必要があります。もちろん優れた自動化であれば競争力低下の速度は遅くなります。したがって、製品の将来性や事業上の位置づけによって、その時点でどのような自動化が妥当かという見極めが、システムインテグレーションで最も重要な選択になります。

たとえば、製品としての成熟度が高く3年で目標とする生産量をこなせば事業的に成功という見通しがある製品の生産であれば、徹底的に自動化を進め、場合によっては無人化まで求めてもよいでしょう。しかし、まだ発展途上の製品で将来の生産量も未知数の場合は、今後工夫が利くように人手をあえて残した自動化の方が優れたソリューションになる場合もあります。生産設計がまだ不十分な製品であれば、いったん自動化を見合わせるというのも正しい判断になります。

生産技術に長けたユーザであれば、これらを総合的に判断した上で、自動化の仕様をシステムインテグレータに提示しますので、システムインテグレータは要求仕様通りのシステムを供給すれば問題ありません。

しかし、このような総合的な判断ができるユーザはまれになりました。生産システムを更新しないと競争に勝ち残れないという、あいまいなきっかけで自動化を指向するものの、具体的な仕様は決めかねるというユーザが多くなっています。現在は、自動化と言っても多くの選択肢、多くの考え方があり、一方では多くのマイナス要因もあるという状況ですので、無理なからぬことです。このような背景から、ロボットメーカは自社のロボットや関連製品の特徴を最大限に引き出すことができる生産システムを設計製造できるシステムインテグレータに期待し、エンドユーザは自社の問題を解決できる生産システムを設計製造できるシステムインテグレータに期待するようになり、システムインテグレータの重要性がさらに高まりました。

商談の初期の段階では、システムインテグレータのコンサルティング能力が力を発揮します。とは言え、システムインテグレータ側で入手できる顧客情報は限られますし、システムインテグレータ自身も得意とする技術はある程度限られています。ここで必要なのはユーザとシステムインテグレータ間でユーザの問題点を共有することと、目標に関する合意を形成することです。理想的には、そのユーザのその時の課題に対応する適切な自動化を実現し、さらに競争力が低下しないように改善を続け、自動化システムのパフォーマンスを向上させるプロセスをユーザとシステムインテグレータの協力関係の下で実現することです。

あいまいな期待からスタートして、具体的なシステム提案に結び付ける最初の重要なプロセスをこなす能力が、システムインテグレータのコンサルティング能力になります。**図3-24**にその標準的なプロセスを図式化しました。左上からスタートして、左右を往復しながら右下にたどり着くという流れです。この中で最も重要なのは顧客事情の反映で、これは過剰な自動化や足らない自動化にならないように妥当な仕様で合意を形成することです。ロボットメーカの役割は、このプロセスでシステムインテグレータがさまざまな提案に資することができるように、自動化ネタを潤沢に提供することになります。

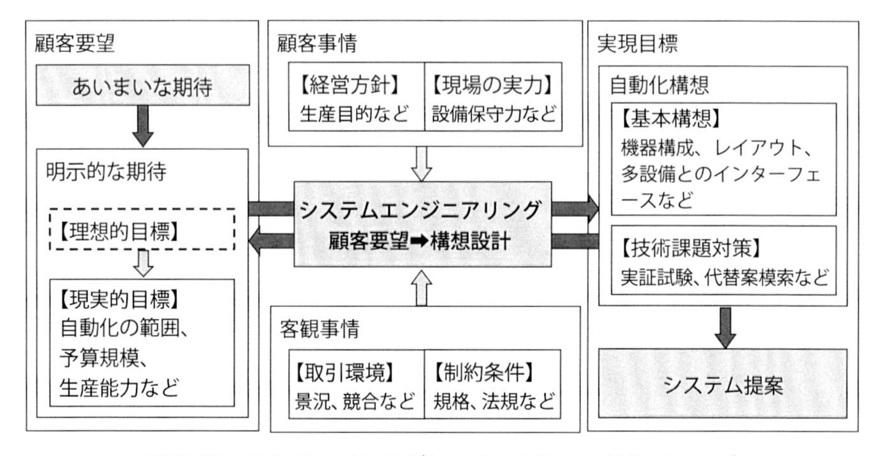

図3-24　システムインテグレータによるコンサルティング

■ システムインテグレータの組織化への道

2000年代から、ロボット産業においてシステムインテグレータの存在感が高まってきましたが、日本ロボット工業会で、ロボットを活用するシステムインテグレータをロボット産業を形成する重要な職種としてとして捉えるようになり始めたのは、2010年ごろのことです。各ロボットメーカでは、すでにシステムインテグレータ・パートナー会を開設しましたが、個々のロボットメーカとシステムインテグレータ間では解決できない課題も見えてきました。たとえば協働ロボットの項で述べたISO10218の解釈について、システムインテグレータ間で解釈が異なっているといった問題です。このような情報共有以外にも、共通する要望事項の提示、共通する要素技術の相互啓発、人材育成・人材確保、協業機会の獲得などは業界全体の共通課題が見えてきました。

ロボット産業の振興にはシステムインテグレータの強化が不可欠であるという認識をロボット業界と経済産業省産業機械課とで共有するため、まず実態を知ることを目的として2010年に「ロボット技術導入事例集」として50のシステム事例を調査しました。この報告書は現在でもインターネット上で確認でき

ワークに対応したロボットシステムノウハウの多様性

ロボットシステムで対象とするワークは、高価な抗がん剤パッケージのパレタイジング作業から安価なチョコボールのパッケージング作業まで千差万別です。非常に高価なワークはたいてい頑丈なパッケージに入れられていますが、万が一取り落としてもワークが破損しないよう床面に緩衝材を引いたり、周辺機器とワークが当たった場合、周辺機器を保護するのではなくワーク側を保護するように配慮したりするなど、ちょっとした発想の転換が必要になるケースもあります。一方、安価なワークの場合は、安価なりの配慮があります。たとえばコンベア上を流れてくるワークをピックアップする作業で取り損なったワークがある場合、高価なワークであれば、ワークの回収再投入をシステムに組み込みますが、ワークが非常に安価な場合は回収再投入せず廃棄するほうが合理的です。

工場内で使用するロボットシステムの場合、天候によるワーク状態の変化への配慮は不要であることがほとんどですが、ごくまれに必要になることがあります。たとえば、トイレットペーパなどは、ごく薄い段ボールの箱にパッケージされています。このような段ボールは湿気により箱の硬さが変わるため、注意が必要です。もし、冬場の乾燥した時期に箱を把持する強さを決めていたら、梅雨時にはトラブルになる可能性があります。

ワークに付帯するノウハウは、実に各種各様です。システムインテグレータが顧客とシステム仕様を決めていく際に、ワークの特殊性や必要な配慮を顧客から提示される前に指摘できれば、顧客からの信頼度は確実に上がります。経験の蓄積を社内で共有化するためには、システムノウハウに関わる設計基準や、失敗事例集などを整備することが有効です。

ますが[32]、この調査ではどの会社がシステム構築を担当したのかが明確にされています。ここで最初のシステム構築業者のマップが見えてきました。

2014年には「ロボット革命実現会議」が開催されました。日本が得意とするロボット産業を革命的に進め、世界一のロボット利活用社会を目指す、という意図で首相官邸が主催した会議です。ここで、ロボット新戦略がまとめられましたが、この中にシステムインテグレータの振興策も織り込まれました。

2015年にはロボット新戦略の推進役として、日本機械工業連合会内に「ロボット革命イニシアチブ」（RRI）が設置され、WGが3つ立ち上げられました。WG2のロボット利活用推進WGがシステムエンジニアリング力の強化を目的としており、システムインテグレータの振興策を担当することとなりました。RRIのWG2では、システムインテグレータが備えるべきスキル標準と、システムインテグレータのビジネスプロセスを整理するためにプロセス標準を作成しました。

ロボット新戦略を受けて、経済産業省では2015年から2017年の3年間にわたり、「ロボット導入実証事業」として、先進的なロボットシステムへの取り組みに対する補助金支援活動を実施し、通算250あまりのシステム成果を上げました。また2017年には、システムインテグレータ育成を直接的な目的として、システムエンジニアリングビジネスへの参入や、ロボット活用センターの開設、提案型のロボットシステムモデルの構築に対する補助金事業も実施しました。

これらの補助金活動を通じて、日本ロボット工業会ではロボットを活用する能力のあるシステムインテグレータの存在を全国規模で把握することができました。これが大きな動機となり、システムインテグレータの業界団体を設立する動きが始まりました。これまでの活動に参加したシステムインテグレータに声をかけることにより、120社あまりの初期メンバーを得て、2018年7月に日本ロボット工業会内の特別活動組織として「FA・ロボットシステムインテグレータ協会」の設立に至りました（**図3-25**）[33]。

協会の果たすべき役割として以下の3点を掲げています。

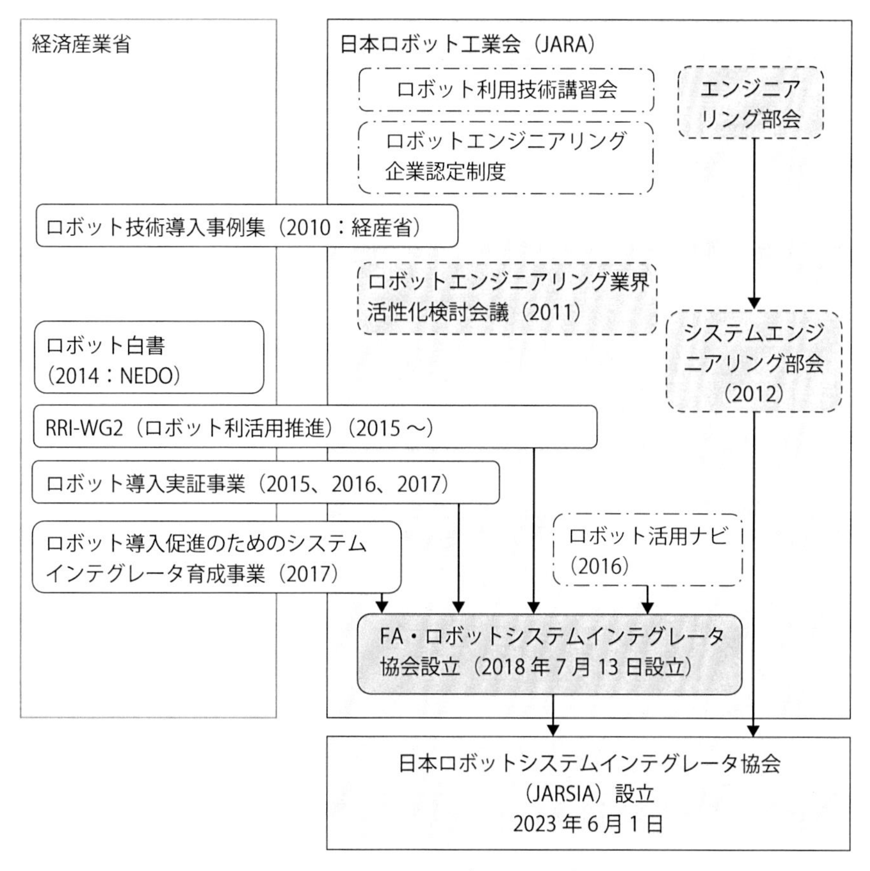

図3-25　システムインテグレータ協会設立経緯

①システムインテグレータ業界のネットワーク構築

②システムインテグレータの事業基盤の強化

③システムインテグレータの技術基盤強化

「FA・ロボットシステムインテグレータ協会」は、2023年に日本ロボット工業会から離れ、「一般社団法人日本ロボットシステムインテグレータ協会」として独立した業界団体となりました。

2-4　2010年代はロボット産業にとってどんな時代だったのか

中国製造業の急成長を背景として産業用ロボットの中国需要が急増し、日本の産業用ロボット業界としては待望の市場成長期となりました。ロボットの適用分野は、依然として自動車産業が大きなウェイトを占めていますが、電機電子系産業の構成比が増加傾向にあります。中国製造業をけん引する電機電子系産業の旺盛な設備投資意欲を反映しています。今後もアジア経済圏を中心とした新興工業国の経済成長とともに、新たな需要拡大も期待したいところです。

一方では中国製ロボットの普及開始など、ロボット産業の新たな競争の構図が現れてきた時代でもありました。過去の日本の一人勝ちは、日本が最大の需要国であったことも大きな要因でしたが、市場のグローバル化は競争のグローバル化につながることは必然です。ロボット産業の国際競争はこれから本格的なものになりますが、単なる価格競争に陥ることなく、日本のロボット産業の特徴を活かした成長が期待されます。

ロボット産業の構造として、ロボットメーカとシステムインテグレータの相互補完関係が不可欠なものになってきました。最終的に生産システムの価値を形作るシステムインテグレータに対して、役に立つ生産財を供給するロボットメーカという関係です。相互に提案を交わして、製造業の生産システムの多様な需要にこたえる能力を高め、日本のロボット産業と日本の製造業の競争力を強化していくことが期待されます。

参考文献

［1］ United Nations Statistics Division：National Accounts-Analysis of Main Aggregates　サイト、GDP and its breakdown at current prices in US Dollars（2023/8/26取得　https://unstats.un.org/unsd/snaama/Downloads）
［2］ IFR（International Federation of Robotics）：World Robotic 2022 Industrial Robots

［3］ 東アジア地域研究会編：東アジア経済の軌跡、青木書店、2001/9
［4］ 酒巻哲朗、佐藤隆広、市川恭子、齋藤善政、藤本知利：「インドの経済成長と産業構造」、ESRI Research Note No.44、内閣府経済社会総合研究所、2019/3
［5］ 内閣府：国民経済計算サイト、2021年国民経済計算（2023/8/26取得　https://www.esri.cao.go.jp/jp/sna/data/data_list/kakuhou/files/2021/2021_kaku_top.html）
［6］ 経済産業省：海外事業活動基本調査サイト、2020年調査（e-Stat）（2023/8/26取得　https://www.e-stat.go.jp/stat-search/files?page=1&toukei=00550120&kikan=00550&tstat=000001011012）
［7］ 経済産業省：通商白書2014　第Ⅱ部、第2章、第2節　アジア通貨危機後の韓国における構造改革、p178-184、2014/9
［8］ 朝元照雄：「台湾積体電路製造（TSMC）における発展の謎を探る―工業技術研究院のスピンオフから世界最大のファウンドリー企業―（前編）」、交流、No.873、p1-7、交流協会、2013/12
［9］ 日本ロボット工業会編：特集　センサ技術とその応用、ロボットNo.200、日本ロボット工業会、2011/5
［10］ 日本ロボット工業会編：特集　センサ技術とその応用、ロボットNo.210、日本ロボット工業会、2013/1
［11］ 貴田恭旭：「力覚センサの現状と今後の展開」、ロボット、No.192、p58-63、日本ロボット工業会、2010/1
［12］ 画像ラボ委員会編：特集　ロボットビジョン&ばら積みピッキングの現状(1)、画像ラボ、Vol26. No.11、2015/11
［13］ 画像ラボ委員会編：特集　ロボットビジョン&ばら積みピッキングの現状(2)、画像ラボ、Vol27. No.1、2016/1
［14］ 画像ラボ委員会編：特集　ロボットビジョン&ばら積みピッキング 最前線(1)、画像ラボ、Vol32. No.11、2021/11
［15］ 画像ラボ委員会編：特集　ロボットビジョン&ばら積みピッキング 最前線(2)、画像ラボ、Vol32. No.12、2021/12
［16］ 田中健一，野田哲男，奥田晴久，椹木哲夫，横小路泰義，幸田武久，堀口由貴男：「次世代のセル生産を実現するロボット知能化技術の開発」、ロボット、No.191、p.35-40、日本ロボット工業会、2009/11
［17］ 日本ロボット工業会編：特集　セル生産システム、ロボットN0.173、日本ロボット工業会、2006/11

[18] ABB：「ABBは上海に最新鋭のロボットメガファクトリーを開設（2022-12-02）」、Group press release　サイト（2023/8/26取得　https://new.abb.com/news/ja/detail/97670/abb-opens-state-of-the-art-robotics-mega-factory-in-shanghai）
[19] IFR：International Federation of Robotics、World Robotics　2022
[20] 田島高志：外交証言録　日中平和友好条約交渉と鄧小平来日、岩波書店、2018/8
[21] 小平紀生：「中国におけるロボットの研究開発動向について」、CISTEC journal、No.131、p37-42、安全保障貿易情報センター、2011/1
[22] JST研究開発戦略センター 海外動向ユニット：中国製造 2025」の公布に関する国務院の通知の全訳（2015/7/25）、CRDS報告書サイト、（2023/8/20取得 https://www.jst.go.jp/crds/pdf/2015/FU/CN20150725.pdf）
[23] 丸川知雄：「中国の産業政策の展開と「中国製造 2025」、比較経済研究、Vol.57, No.1、p53-66、比較経済体制学会、2020/1
[24] JETRO：「拡大する中国の産業用ロボット市場（2023/4/21）」、地域・分析レポート、（2023/8/20取得　https://www.jetro.go.jp/biz/areareports/2023/814e171ee3fa19d4.html）
[25] Ilian Bonev：Delta Parallel Robot — the Story of Success, ParalleMIC（2023年9月7日取得　http://www.parallemic.org/Reviews/Review002.html）
[26] 楠田喜宏：「パラレルメカニズム実用化の展望」、日本ロボット学会誌、Vol.30, No.2、p118-122、日本ロボット学会、2012/3
[27] 橋本秀一：「ISO/TC/WG3（産業用ロボット）の現在・過去・未来」、日本ロボット学会誌、Vol.38, No.5、p20-22、日本ロボット学会、2020/6
[28] ユニバーサルロボット：会社概要-沿革、ユニバーサルロボットホームページ、（2023/8/26取得　https://www.universal-robots.com/ja/）
[29] MUJIN：「MUJINロボットの特徴」、MUJIN製品一覧サイト、（2023/8/26取得 https://www.mujin.co.jp/solution/mujinrobot/）
[30] Realtime Robotics：“realtime controller”,（2023/8/26取得　https://rtr.ai/realtime-robotics-unveils-realtime-controller/）
[31] 三菱電機：「Qタイプコントローラ」、ロボットコントローラサイト、（2023/8/26取得　https://www.mitsubishielectric.co.jp/fa/products/rbt/robot/pmerit/rb_ctr.html）
[32] 経済産業書：「ロボット技術導入事例集」、日本ロボット工業会　各種情報　レ

ポート　サイト（2023/8/26取得　https://www.jara.jp/various/report/img/E001537-1.pdf）

［33］小平紀生：「ロボット産業におけるシステムインテグレーション」、ロボット No.243、p3-8、日本ロボット工業会、2018/10

第 4 章

ロボット産業を取り巻く日本の製造業の姿

これまでの章で、ロボット産業の発展経緯を見てきました。それぞれの年代の日本経済や製造業の変化や特徴はその都度説明してきましたが、本章では視点を変えて、その背景となった日本の製造業の質的変化を、俯瞰的に分析します。

日本経済にとって製造業は成長の原動力であり、1960年代にはGDPの30%を稼ぎ出していました。現在の製造業のGDP貢献度は20%まで低下し、若干存在感は薄れましたが、日本は依然として製造業が産み出す製品を原資とした社会を構成しています。

日本経済は1990年代初頭のバブル崩壊の前と後で、全く異なる様相を呈しています（**図4-1**）[1]。日本の1950年代初頭からバブル崩壊までのおよそ40年間は、戦後の高度経済成長期、次いでオイルショック後の安定成長期と言われる経済成長期でしたが、バブル崩壊以降、一転して30年余りにわたる成長停滞期となりました。

大変残念なことに30年もの長期期間にわたり経済停滞となっているのは世

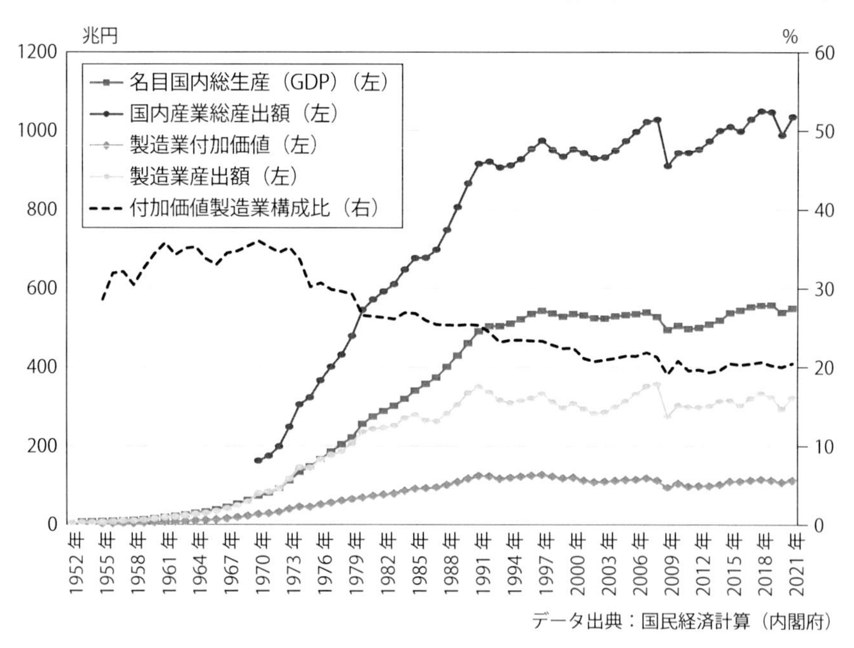

図4-1　日本の国内産業総産出総額・GDP、製造業の出荷額・付加価値数の推移

界の主要国では日本だけです。日本の製造業の変化を国際競争の面から見ると、高度経済成長期には欧米の先進工業国を追う立場にあり、安定成長期には肩を並べる立場にあり、バブル崩壊後は新興工業国に追われる立場へと変化しています。日本の製造業は、追う立場では強さを発揮するが、追われる立場になると弱さを露呈する傾向があるのかもしれません。

GNPとGDP

現在、経済指標として国内総生産（GDP：Gross Domestic Products）を使用していますが、以前は国民総生産（GNP：Gross National Products）を使っていました。

GNPは「日本国民が産み出した付加価値の総計」ですので、日本企業が海外事業で産み出した付加価値が含まれますが、在日外国人が日本国内事業で産み出した付加価値は含まれません。一方、GDPは「日本国内で産み出された付加価値の総計」ですので、日本企業の海外事業分は含みませんが、在日外国人分は含まれます。そのため、日本企業の海外生産や海外企業の日本国内への進出など国境を越えた事業活動、すなわち企業活動のグローバル化が進んでいなければGDPとGNPに大きな差は生まれません。

国民経済計算（SNA：System of National Accounts）の算出方法は、国連統計部により世界共通基準が定められています。SNAは世界の経済状況に応じて改訂され、改訂年に応じて68SNA、93SNAのように呼ばれています。

1980年代に入ってグローバル化が進み、国内経済中心の68SNAが実情とあわなくなってきたため、国連統計部はワーキンググループを立ち上げ、GDPを中心とした93SNAを作成しました。世界各国の経済事情は国ごとに大きく異なりますので、国ごとの実情に合ったSNAを採用します。日本では、1978年から68SNAを採用していましたが、2000年に93SNAが採用され、GNPは廃止されました。ただしGNPは国民総所得（GNI：Gross National

Income）と名前が変わって、その国の国民が産み出した付加価値の総計という指標となっています。

付加価値という言葉は日常会話でも使われることがあり、時として「有意な価値がある」といった程度の表現として使われることもあるようですが、付加価値の本来の意味は定義が明確な経済活動の結果を示す重要な定量指標です。付加価値とは、事業体が産み出して市場に供給した財やサービスの対価として顧客などの外部から得た金額から、それを産み出すために外部から調達した財やサービスの対価として支払った金額を差し引いた金額です。その事業体が外部から調達した財やサービスに付加した価値という意味になります。付加価値は事業体の利益や投資の原資、従業者の報酬、税金の支払いなどに充てられます。付加価値とは事業体の稼ぐ力、すなわち経済的な強さを表すこととなります。

日本国内の政府機関も含めて、すべての企業や団体といった事業体が生み出した付加価値の１年間の総計が日本のGDPになります。国内全ての事業体の生産総額は国内の全ての取引の総和になりますので、経済規模は表しますが、稼ぐ力の指標にはなりません。GDPがその国の稼ぐ力、経済の強さの指標になるということです。

1　バブル崩壊を境として変化した製造業の姿

1973年まで続く高度経済成長期には、GDPの30%を稼ぎ出す製造業が経済成長をけん引しました。高度経済成長期の製造業は、繊維などの軽工業から造船鉄鋼などの重化学工業を経て自動車や電機電子機器などのハイテク産業へと、中心となる製造分野を変化させながら高度な工業技術を国内に蓄積していきました。オイルショック後の安定成長期には産業の多様化により、製造業のGDP比率は下がり始めましたが、安価で性能が良く高い品質のハイテク産業製品を中心とした輸出拡大で貿易黒字をもたらしています。

バブル崩壊後に製造業のGDP比率は20%まで低下し国内での存在感は若干薄れましたが、海外生産など活動の場を海外に広げ、依然として日本の経済を支えています。ただし、製造業の国際競争には、従来の欧米に加えて、アジアの新興工業国が加わりました。日本の製造業を国際的な位置づけから見ると、高度経済成長期は先進諸国に追いつく時代、安定成長期にはトップの米国に肩を並べるまで肉薄した時代でしたが、バブル崩壊後は一転して、新興工業国に後ろから追いかけられるという新たな競争の時代に入りました。

特に2000年以降の日本の製造業は、圧倒的な成長を遂げている中国経済の強い影響を受けるようになりました。日本から見た中国の製造業は、かつて1960年代から1980年代にかけて米国から見た日本の製造業と同じです。急速に経済が立ち上がってくる国は、新たな市場であると同時に、必然的に手ごわい競争相手になります。中国とは製造企業間では競争しつつも、適切に協調する関係を築いていく必要があります。

図4-2に、直近70年間の日本の製造業の変遷の様子を示します[1][2][3]。製造業の年間生産総額と付加価値総額に、製造業の就業者数の変化を加えたグラフです*。このグラフにも、1960年代を中心とする高度経済成長期、1980年代を中心とする安定成長期、そしてバブル崩壊後の1990年代以降、現在に至るまでの製造業の明確な違いが表れています。

高度経済成長期には生産拡大とともに人的リソースも投入し、付加価値の向上も得ることができた拡大する成長、安定成長期には人的リソースの投入を抑制しつつも生産拡大と付加価値向上を得ることができた効率を求めた成長でした。しかしバブル崩壊以降、生産規模は伸び悩み、人的リソースの削減を伴いながら何とか付加価値を維持している状態となり、これが30年続いていま

*　国民経済計算では、仕事についている人数の集計区分として、「雇用者」と「就業者」が使用されています。雇用者は事業体との雇用契約により給与を得ている者で、常雇：1年を超える又は雇用期間を定めない雇用契約者と役員、臨時雇：1年以内あるいは1か月以上の雇用契約者、日雇：1か月未満又は日々の雇用契約者が含まれます。「就業者」は「雇用者」より広い範囲で、1時間以上仕事についた者、または休業中の雇用者を指しますので、パート、アルバイトも含まれます。

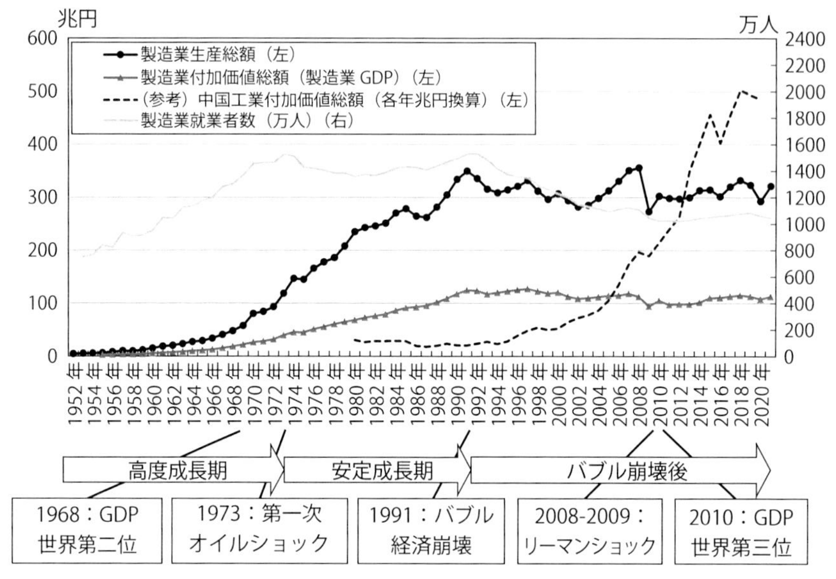

データ出典：国民経済計算（内閣府）、中国情報ハンドブック（21 世紀中国総研）

図4-2　日本の製造業の出荷額・付加価値総額・就業者数の推移

す。この間に中国製造業に一気に追い抜かれています。

製造業の就業者一人当たりの付加価値生産性（労働生産性）は、成長期から停滞期に至るまでおおむね右肩上がりで改善が進んでいます（**図4-3**）[1]。日本の全産業の労働生産性はバブル崩壊以降ほとんど改善が見られませんが、製造業については大きく減速はしたものの引き続き若干の改善傾向は続いています。バブル崩壊前後でもう一つ大きく変化したのは、設備投資です（**図4-4**）*。成長期には、ひたすらに拡大してきた設備投資は、バブル崩壊で一気にブレーキがかかりました[1]。

長期にわたる製造業全体の体質変化を利益率の変化からも見てみましょう[4]

＊　ここでは、民間企業の設備投資意欲を反映した値とするため、設備投資額としては国民経済計算における、支出側の総資本形成項の総固定資本形成の項目のうち、民間の企業設備の金額をそのまま設備投資としています。

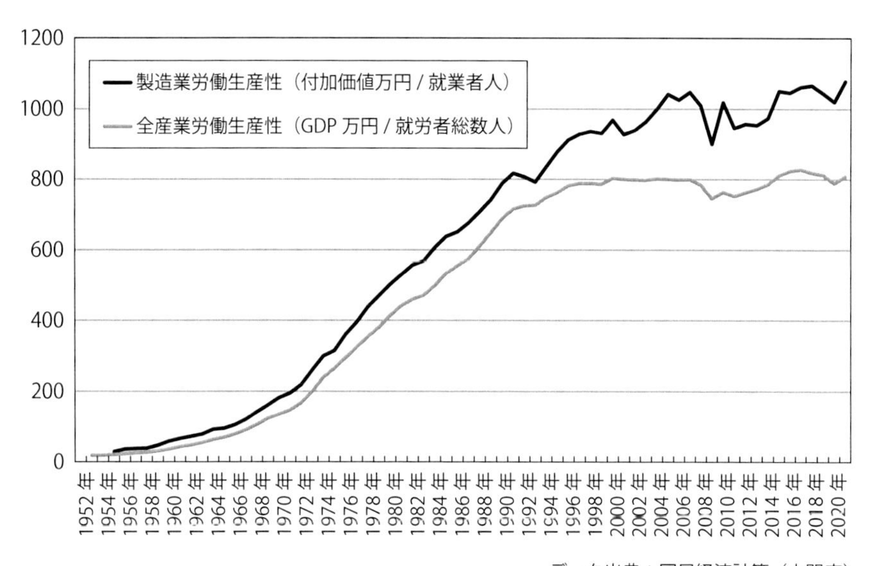

データ出典：国民経済計算（内閣府）

図4-3　日本の製造業の付加価値労働生産性推移

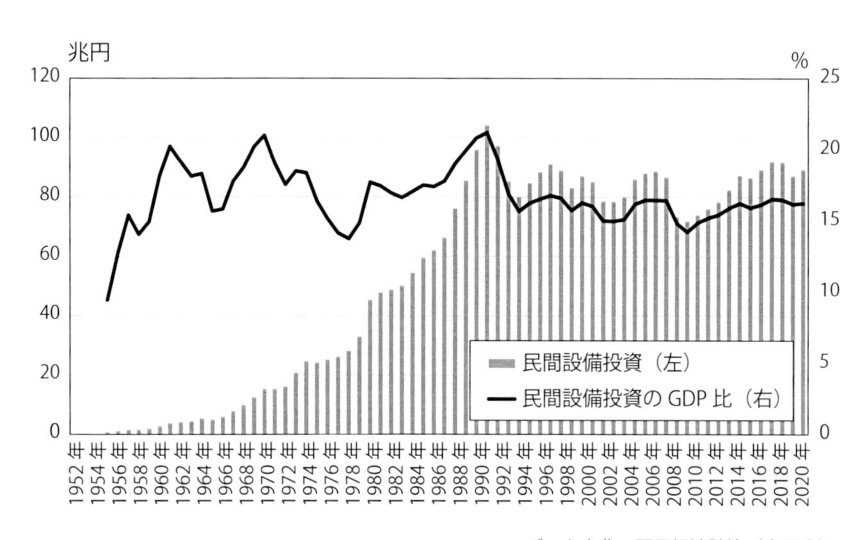

データ出典：国民経済計算（内閣府）

図4-4　民間設備投資の推移

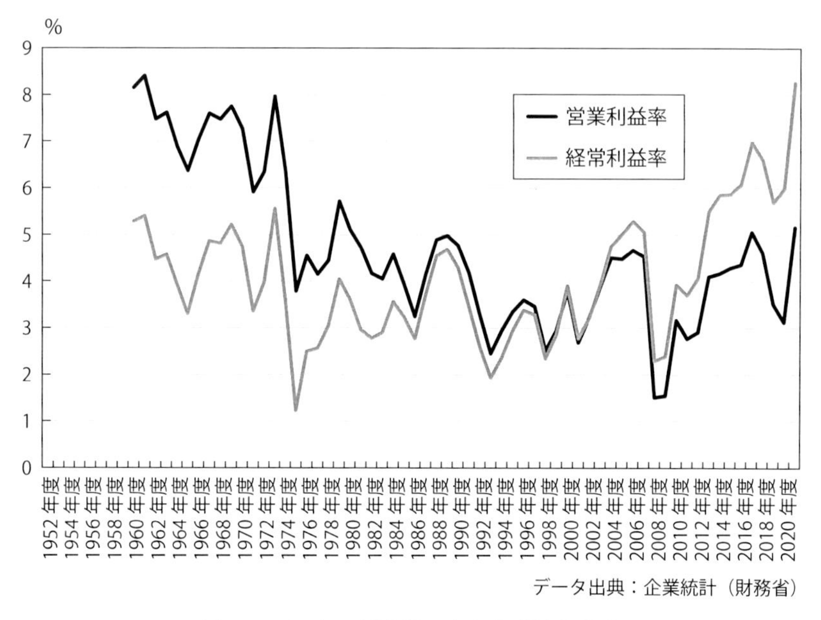

図4-5　日本の製造業の売上高利益率推移

（**図4-5**）。製造業の本業で上げる利益の売上高営業利益率は、高度経済成長期には非常に高いレベルにありましたが、その後バブル崩壊の1990年代初頭まで徐々に減少しています。これは、成長期を通じて製造原価率が上がっていったことを反映していますが、成長期を通じて盛んであった機械化、自動化の設備投資が製造原価を押し上げた結果だと推測されます。

特に安定成長期に人的リソースの投入を抑えつつも付加価値を上げることができたのは、設備投資効果が有効に働いた結果と解釈できます。もちろん営業利益率は高い方が良いのですが、バブル崩壊前の付加価値総額は上がり続けていますので、積極的な設備投資が稼ぐ力を産み出した結果として、営業利益率が下がったものとして容認されるべきものです。

ただし、成長期を通じて、付加価値は一貫して上がったものの、売上高営業利益率が下がっていったことは、日本の製造業が産み出していった競争力が、より高い価値を産み出す方向ではなく、コストダウン側につよく働いたという解釈もできます。先進工業国を追う立場であればコストダウンは非常に有効な競争力となりましたが、新興工業国から追われる立場になるとコストダウンだけでは有効な競争力となり得ません。

バブル崩壊以降の営業利益率は年ごとの変化が大きく、微妙な上昇傾向はありますが、ほぼ横ばいが続いています。一方経常利益は、営業利益率とは全く異なる変化を示しています。バブル崩壊までは営業利益率を下回り、微妙な減少傾向にありましたが、バブル崩壊以後は上昇に転じ、2000年ごろから営業利益率を上回り、2020年には過去最高の経常利益率となっています。経常利益は、営業利益に営業外収益を加え、営業外費用を差し引いたものですので、バブル崩壊前の成長期の製造業は、本業での稼ぎを金融資産の獲得など会社の財務体質強化にも充当していたことを意味します。2000年以降は、経常利益が営業利益を上回りますが、営業利益としての上積み分には、海外生産から得られる収益がかなり含まれています。たとえば2020年の日本の製造業の営業利益総額は11.4兆円で経常利益総額は21.8兆円でしたので、営業外収支はプラス10.4兆円でした。このうち、半分近くの4.3兆円が海外生産の現地法人から配当金などとして得た収益でした[5]。海外生産による収益は営業外収益として利益に積まれるのですが、国内で生産していれば付加価値を産み出しているはずです。海外生産の是非については単に財務上の話だけではなく、製造業の国際競争に関わる問題ですので、本章での重要な議論の対象になります。

1-1　バブル崩壊までの経済成長期における製造業の質的変化

1945年、第二次世界大戦が終戦を迎え敗戦国となった日本には連合国総司令部が置かれ、戦後処理と民主化国家への再構築が進められました。その戦後復興の最中の1950年に、ソビエト連邦と中国義勇軍に支援された北側と、米国を中心とする民主主義諸国に支援された南側との民族紛争である朝鮮戦争が勃発しました。朝鮮戦争は結果として日本の主権回復を早め、1951年のサンフランシスコ平和条約締結に結び付きました。それと同時に、日本経済には活性化の波及効果をもたらし、日本は復興から成長へ進みました。その結果、経済成長が明らかになり始めた1955年から第一次オイルショックの1973年までが、高度経済成長期と言われるようになりました。

なお、1955年は日本がGATT* (General Agreement on Tariffs and Trade「関税および貿易に関する一般協定」) への加入が認められた年です。GATTは1995年にWTOが設立されたことで、その機能はWTOに引き継がれました。日本は1955年にGATTに加盟して以後、急速な経済成長を遂げましたが、それはちょうど中国が2001年にWTO加盟以後、急成長したことと一致します。

高度経済成長期には、製造業の生産総額も製造業の付加価値総額もともに増加し続け、さらに就業者数も増加しています。ちょうどこのタイミングでは、戦後のベビーブームで生まれた団塊の世代が就職適齢期に達していますので、拡大する生産に応じて必要なだけの労働リソースの投入が可能でした。製造業の付加価値総額は、就業者数の増加を上回る勢いで成長しましたので、付加価値労働生産性は向上しています (図4-3)。生産拡大、GDP成長、雇用拡大のポジティブな拡大サイクルであったことが高度経済成長期の特徴です。また、高度経済成長期中は民間設備投資も増加が続きます。特に1960年代にはGDP比20%を超える高比率で設備投資が行われています (図4-4)。

これらのポジティブに拡大する経済成長により、日本は1968年にGDPで西ドイツを抜いて世界第二位の経済大国となっています**。もちろんこの時代にも「自動化」は語られていましたが、現在のようなフレキシブルさを求めた

---

*　GATTは、1947年に締結された国際貿易の秩序に関する協定です。第二次世界大戦の一因が、各国が自国に有利になるような貿易政策や関税を勝手に設けたことにあるという反省から派生しました。1948年にその協定に従って国際貿易ルールを確立し、運用するために発足した国際組織の名称として継承されました。GATTの機能は後にWTOに引き継がれています。

**　ドイツも日本と同様の敗戦国で、全国土が戦場となって甚大な国家基盤の逸失があり、戦後は米英仏ソの分割統治下にありました。しかし、1949年の東西ドイツの分断により冷戦下の西側諸国にとって西ドイツは最前線となり、米国のマーシャルプランなど、重要拠点国として各国からの復興支援が施されました。米国はマーシャルプランで欧州復興に莫大な費用を投じたことで、市場としての欧州開拓に結び付き、戦後の米国の国際的地位を高めることとなりました。日本やドイツが戦後の経済大国になっていった背景には、当時の冷戦構造が少なからず影響を及ぼしています。

自動化ではなく、生産量拡大と均質品質の確保を目的とした「機械化」が中心でした。特に高度経済成長期の終盤に製造業の主力産業となった自動車産業と電機電子産業では、機械技術を駆使した専用製造設備を投入することにより安価で品質の良い製品を生み出す大量生産体制が整っていきました。

工作機械の出荷傾向からも、高度経済成長期の機械化の進捗が見て取れます（**図4-6**）[6]。工作機械の出荷は1960年代半ばから目立って伸び始めており、生産の機械化志向はこのころから始まっています。NC工作機械も1960年代末から投入され始めていますが、このころのNCはマイクロプロセッサを搭載したNCではなく、紙テープベースのNC工作機械でした。

1973年に高度経済成長期が終わり、安定成長期に入ります。ただし安定成長期前半にあたる第一次オイルショックの1973年から第二次オイルショックの1979年までの間は、成長期とはいうものの、実際の景気はよくありません。製造業の就業者数も若干減少しています。図4-1では1970年代前半でも名目GDPや、製造業の付加価値総額は順調に伸びているように見えますが、国内

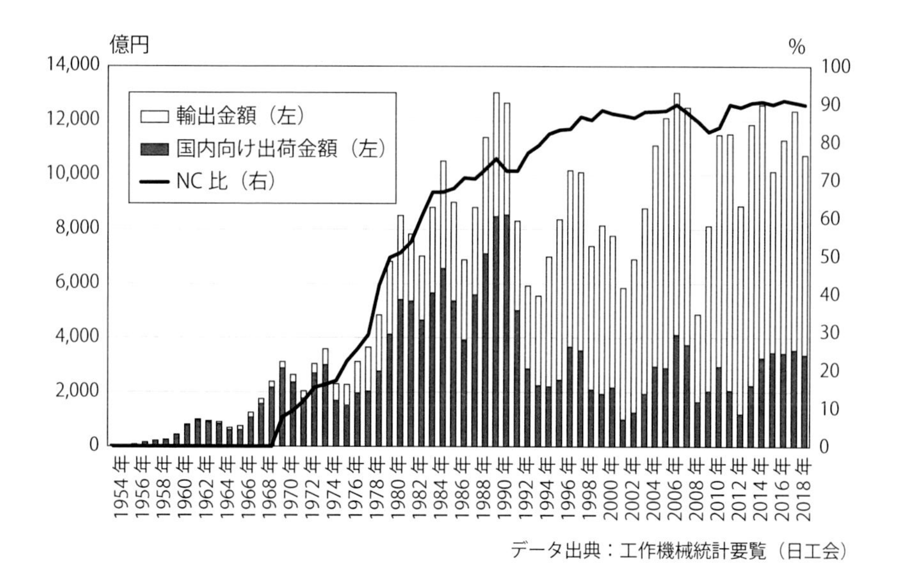

図4-6　工作機械の出荷額とNC比の推移

企業物価*が1973年から1980年まで急騰していますので（**図4-7**）実質的にはマイナス成長でした[7][8]。1990年基準の実質GDP**で見ると1973年から1974年への変化は1.4%のマイナス成長に転じていますが（**図4-8**）、製造業のダメージはさらに大きく2.6%のマイナスとなっています（**図4-9**）[1]。1975年には実質GDPはプラスに転じているものの、製造業GDPは引き続き5.1%とマイナスが深まり、1976年にようやくプラスに転じています。ただしこの停滞期間は、日本のしぶとい製造業が高度経済成長期の拡大重視から安定成長期の効率重視に切り替わる過渡期となり、安定成長期中盤の1980年からようやく本

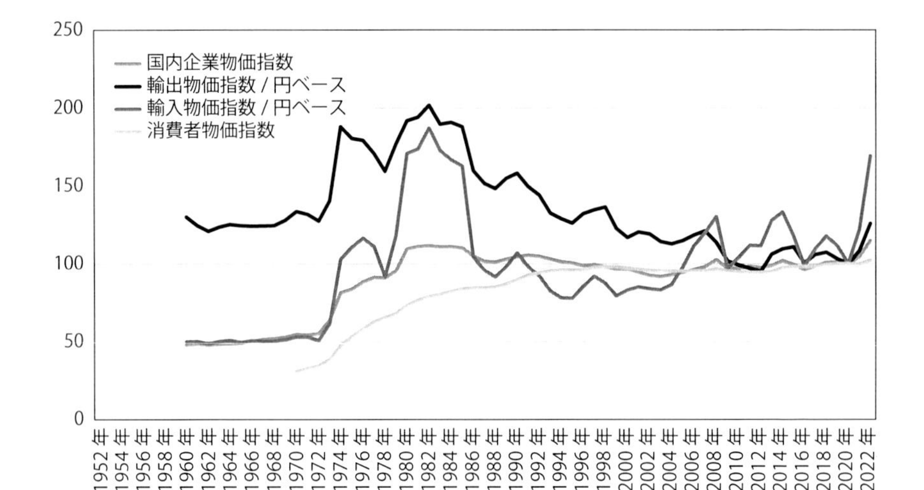

データ出典：時系列統計データ検索サイト（日本銀行）
消費者物価指数（総務省統計局）

図4-7　物価指数（2020年基準）

---

*　国内企業物価指数（以前の名称は卸売物価指数）は、企業間での取引物価の指数です。素材など輸入品を主たる原材料とする製造業は、輸入物価指数の急変にさらされますが、市場価格を安定化させる企業努力により国内企業物価指数の変化は緩和されたものになります。それでも1970年代の企業物価指数は10年間で倍増しています。

**　名目GDPはその年の実際の金額です。経済規模が拡大していなくても、物価が上がるのに合わせて名目GDPは上がります。実質GDPは物価変動の影響を除外したGDPです。1990年基準の実質GDPとは、1990年の名目GDPを実質GDPとして、各年の物価と1990年の物価を比較して算出した換算値です。

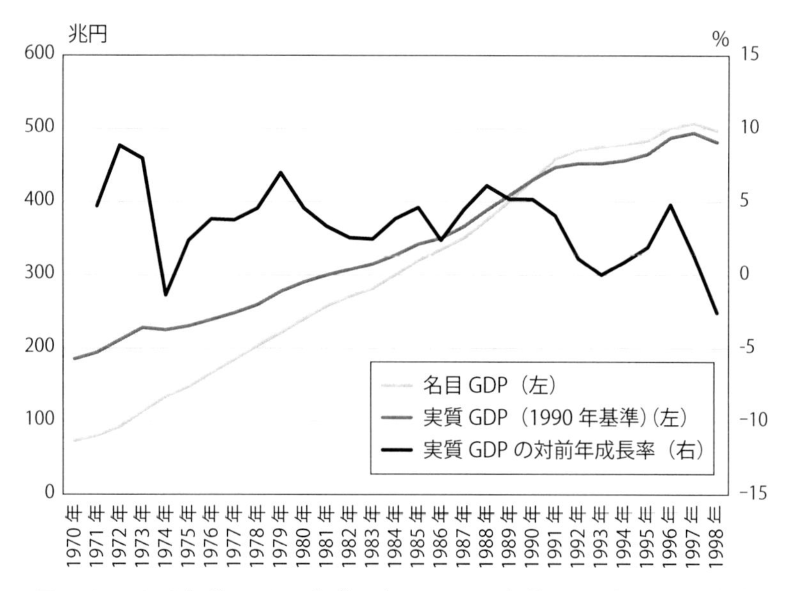

図4-8　1970年代～1990年代の名目GDPと実質GDP（1990年基準）

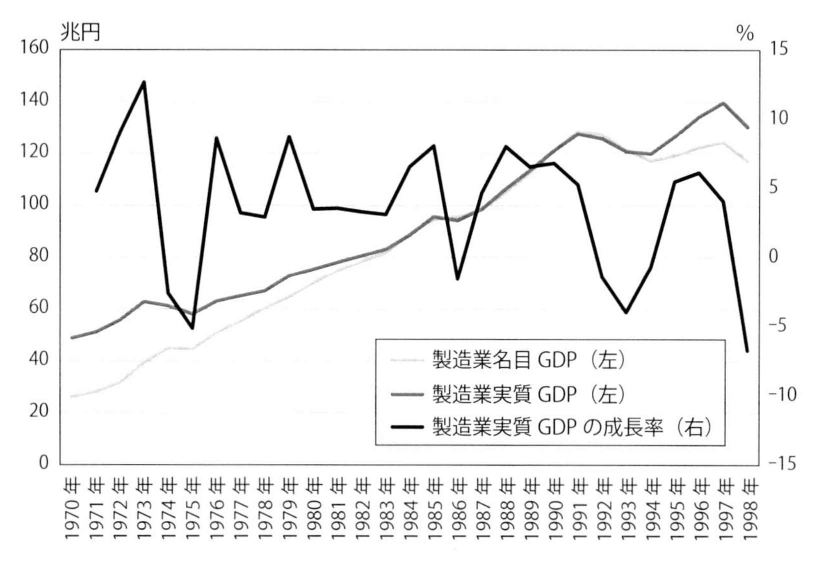

図4-9　1970年代～1990年代の名目製造業GDPと実質製造業GDP（1990年基準）

消費者物価指数と企業物価指数

物価指数は製品やサービスの価格の変化を表すもので、基準年を100とした指数で公表されます。消費者物価指数は家庭で消費される代表的な製品(2020年の基準では582品目ですが、品目は時代背景に応じて見直されます)をその重要度で重みづけして算出します。

企業物価指数は企業間取引に関する物価指数で、国内企業物価指数、輸入物価指数、輸出物価指数の3種類があります。輸出入の物価は為替レートの影響や国際経済の影響を受けますので、大きく変動することがあります。消費者物価は直接的な国民生活に関わるので、極端な乱高下は好ましくありません。そのため、たとえば輸入材料の価格変動は企業努力によりある程度吸収することになります。したがって、国内企業物価指数はその企業努力を反映した指数とみることもできます。

格的な安定成長がはじまります。

1980年代には設備投資意欲は向上し、設備投資のGDP比は増加に転じています（図4-4)。安定成長期の特徴は生産総額と製造業GDPがともに順調に拡大したにもかかわらず、就業者数が増加していないことです。そのため、付加価値労働生産性は高度経済成長期よりも大きく向上しています（図4-3)。

本格的な安定成長が始まる1980年が、まさにロボット普及元年となりました、それに若干先立つ1970年代末に、NC工作機械は紙テープNCからマイクロプロセッサ搭載NCに進化し、出荷数も急増しています。これら生産財産業の動きは、社会の要請が拡大から効率に切り替わり、技術進歩がこれに応えたことを示しています。プログラマブルな生産財の登場により、1980年代から多品種少量生産が多く語られるようになりましたが、多品種少量生産が主流になったという極端な変化があったということではありません。基本的な大量生産体制に、小ロット品目が流れても対応できる、生産品目の切り替えが多くなるというように、同じ生産設備を柔軟に使う方法が求められるようになった、というイメージです。そのため、ロボットやNC工作機械のようなプログラマブルな生産財が重要な役割をはたすことになりました。

1980年代に産業用ロボット市場が立ち上がり、最初の10年間で年間8万台規模の市場を形成したことはすでに解説しましたが、工作機械も5000億円規模の市場が10年間で1兆円を超える倍の規模まで成長しています。さらに、工作機械のNC比率も40%から75%に拡大し、その後は工作機械と言えばNCが当然の時代になりました（図4-6）。

1980年代の安定成長期の製造業は国際的にみても非常に元気の良い時代で、自動車と電機電子製品を中心とした輸出拡大により、10兆円規模の貿易黒字をもたらしています。特に対米貿易が好調で、たとえば1985年の日本の貿易収支10.9兆円の黒字のうち、対米貿易だけで9.4兆円の黒字となっています。

1980年代の日本の対米貿易の大幅な黒字は、自動車、半導体、コンピュータ、テレビなどがもたらしましたが、同時に日米貿易摩擦も引き起こしました。この時の貿易摩擦を解決するために締結された日米半導体協定によって、それまで圧倒的なシェアを獲得していた日本の半導体産業が国際競争力を失う結果となってしまいました。一方、自動車に関する協議の結果、対米輸出台数は減少しましたが、米国側から日本車の米国国内生産への期待もあり、米国における自動車の現地生産が本格化しました。その後の日本の自動車生産では、世界各国での現地生産を中心としたグローバル化が加速されていきました。

1-2　バブル崩壊以降の経済停滞期における製造業の質的変化

高度経済成長期、安定成長期を通じて伸び続けた製造業の生産総額は、1991年の350兆円でピークを迎えました。ピーク時の付加価値総額は125兆円で、就業者数は1525万人でした。30年後の2020年は、生産総額293兆円、付加価値総額108兆円、就業者数1057万人になりましたので、生産総額はマイナス16%、製造業GDPはマイナス13%、就業者数はマイナス31%とすべてマイナス成長となっています（図4-2）。

バブル崩壊以後は、就業者数が大幅に減っており労働生産性は向上しているのですが、残念なことに生産性向上が生産総額の増加や付加価値の増加などポジティブな効果に結び付いていないことになります。インフレが進んでいた成長期と同じような感覚で、生産性向上分はコストダウンに使ってしまい、デフレスパイラルを深める方向に向かってしまったものと考えられます。

設備投資もバブル崩壊直後に大きく減退しました（図4-4）。ピークは同じく1991年でこの年の設備投資額は104兆円でしたので、GDP491兆円の20%が設備投資に使われていました。これが30年後の2020年には87兆円になり、金額としてはマイナス16%となりました。この金額はGDPの16%に相当しますので、これもマイナス成長で設備投資意欲の減退を示しています。

2010年ごろまでの産業用ロボットの市場停滞、特に国内向け出荷の長期減少傾向はこれを象徴しています。

■ バブル崩壊後の業種別動向

バブル崩壊後の製造業は全体としてはマイナス成長になっていますが、製造業種によっては状況が異なります。**図4-10**に、製造業種ごとの1980年から2020年までの付加価値額（各製造業種のGDPに相当）の変化を示します[9]。最初の1980年代は安定成長期ですので、すべての業種で付加価値の向上が見られますが、バブル崩壊後の1990年代から業種による差が明確に出始めます。特に1980年代の成長を支えた自動車（輸送機械・部品の85%が自動車および自動車部品です）と電機電子産業が全く対照的な傾向を示しています。

・自動車産業

1980年以降の日本の自動車産業の付加価値は、長期的には右肩上がりとなっていますが、必ずしも好調が続いてきたわけではありません（**図4-11**）[10][11]。日本の自動車産業は1980年に生産台数1000万台を超え、世界一の自動車生産国となりました。その後順調に生産台数を伸ばした時期が、ちょうどロボット産業の初期成長期と重なりました。1990年に国内生産台数1349万台でピーク

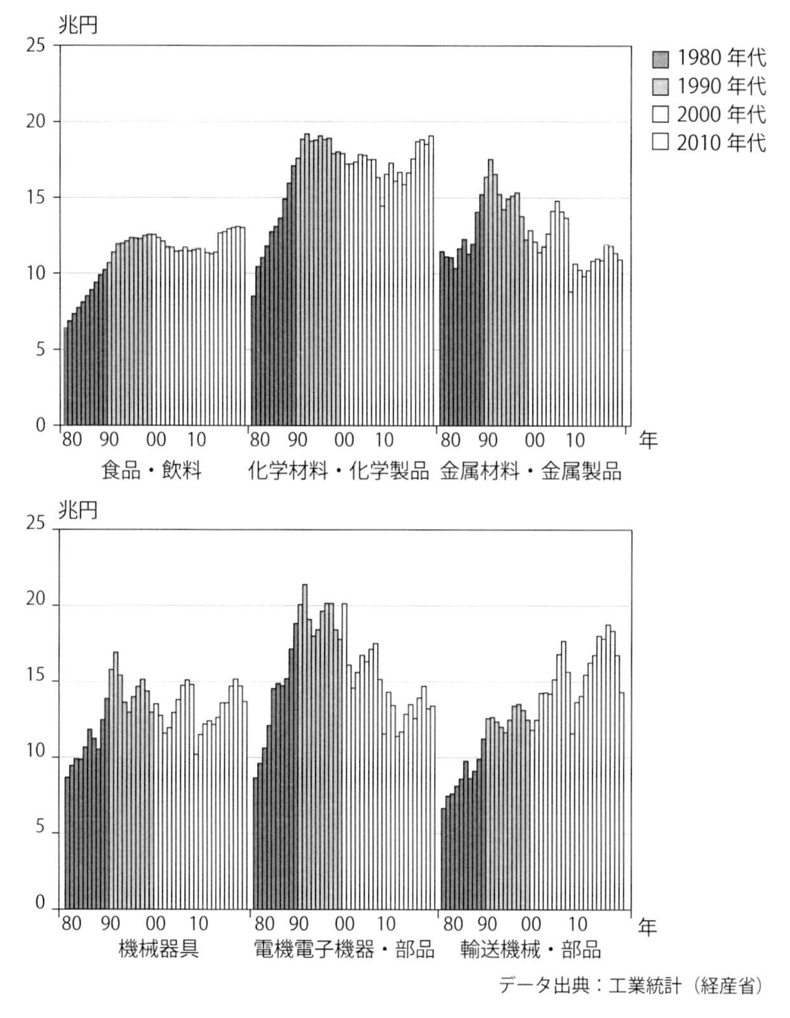

図4-10　1980～2020年国内の代表的業種の付加価値増減

を迎えますが、その後失速して国内生産台数は減少し始めます。1990年代に国内生産は25％ダウンしましたが、海外生産がこれを補い、全世界での生産台数は1600万台規模のまま推移しました。

失速の直接的な原因は、バブル崩壊以後の国内販売の不振です。加えて、成

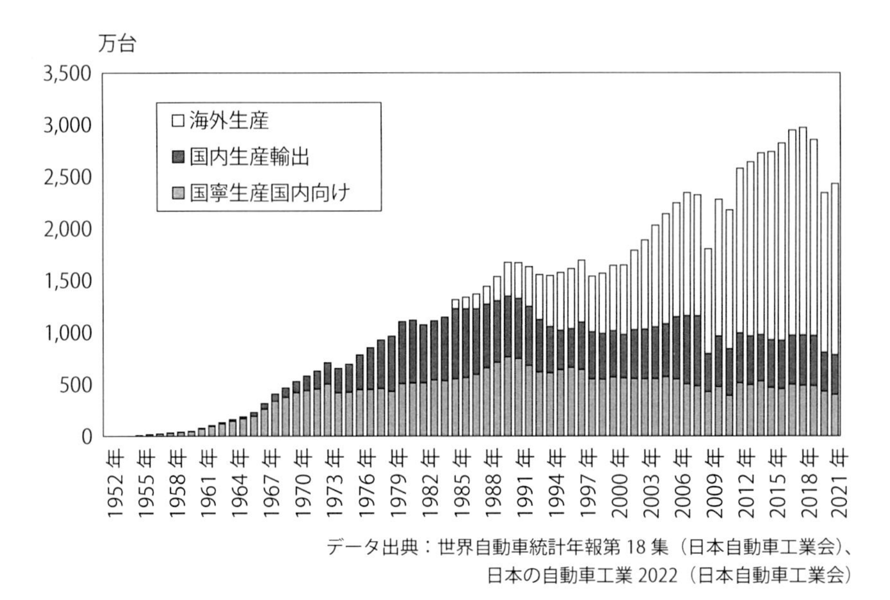

データ出典：世界自動車統計年報第18集（日本自動車工業会）、
日本の自動車工業2022（日本自動車工業会）

図4-11　日本の四輪自動車生産台数（商用車、乗用車を含む）

長経済下で通用した戦略が、バブル崩壊以降の停滞経済下では通用しなくなったという経営問題も否定できません[12]。

1990年代から2000年代初頭にかけて、自動車業界の再編がはじまりました。最も大きな動きは1999年のルノー日産グループの形成です。バブル崩壊以降経営危機が深まった日産がルノーから資金提供を受けて連結子会社になり、カルロス・ゴーンが社長に就任しました。一方、トヨタは1998年にダイハツ、2001年に日野自動車を連結子会社化し、2005年に富士重工（現：SUBARU）と資本提携を結ぶなど、グループの拡大を図っています。

2000年代の日本の自動車業界は、体制再編により好景気を取り戻しました。グローバル市場への対応力が強化された結果、海外生産が拡大し、国内生産品の輸出も増加しています。その結果、バブル崩壊以降減少を続けていた国内生産も若干の増加傾向となりました。しかし、海外生産＋輸出のグローバル市場向けの自動車が1900万台に迫るレベルに達したところでリーマンショックに遭遇し、海外生産、国内生産ともにダウンしました。リーマンショックは日本の自動車メーカに再び大きなダメージをもたらしました。2009年3月期の決算でトヨタは赤字決算となり、その直後に米国で品質問題も発生しました。トヨタではこれを機に豊田章男新社長のもとで経営体質と品質の強化を目的として、世界の各地域主導で現地に即した体制を構築するグローバルビジョンを打ち出しました。特に新興国に対する活動強化が強調されています[13]。

2012年から海外生産の拡大により再び成長が始まり、2018年には世界生産3000万台に迫るレベルに達しました。そのうち国内生産は900万台レベルまで減少していますので、自動車産業は圧倒的なグローバル生産産業となりました。また2010年代からは、電気自動車の普及や、自動運転とこれに関連してリアルタイムの情報通信によるコネクテッド技術の導入など、従来の自動車産業、自動車技術の枠組が変わりつつあります。

そのため、2010年代にも、新しい技術に関する協業や、グローバル市場への対応力を高めるための補完的な関係として自動車メーカ間の提携の動きが続いています。トヨタは2016年にダイハツの完全子会社化、2017年にマツダとの業務提携、2019年のスズキとの業務提携を行いました。ルノー・日産アライアンスへは、2017年に三菱自動車工業が参加するなど、きっかけは様々ですが基本的には相乗効果を狙った動きです。自動車産業は日本の製造業を代表する業種であり、その動向によってはロボット産業へ大きな影響を与えます。日本経済全体にはさらに大きな影響を及ぼしますので、今後とも注目が必要です。

話を国内自動車産業の付加価値が右肩上がりになっていることに戻します。ここまで解説してきたように、グローバルレベルでは自動車の生産台数はバブル崩壊時の2倍近くになっていますが、国内生産台数は30%ほど減少しています。金額でみると、国内生産は完成車の生産台数に対応した金額に、海外生産台数に対応した部品などの金額が加算された規模になっています（**図4-12**）。したがって自動車産業はグローバル生産産業にはなりましたが、海外生産拡大は国内空洞化を招くのではなく、国内にも主要部品や関連製品の生産増加により付加価値拡大をもたらす健全な事業が構成されています。

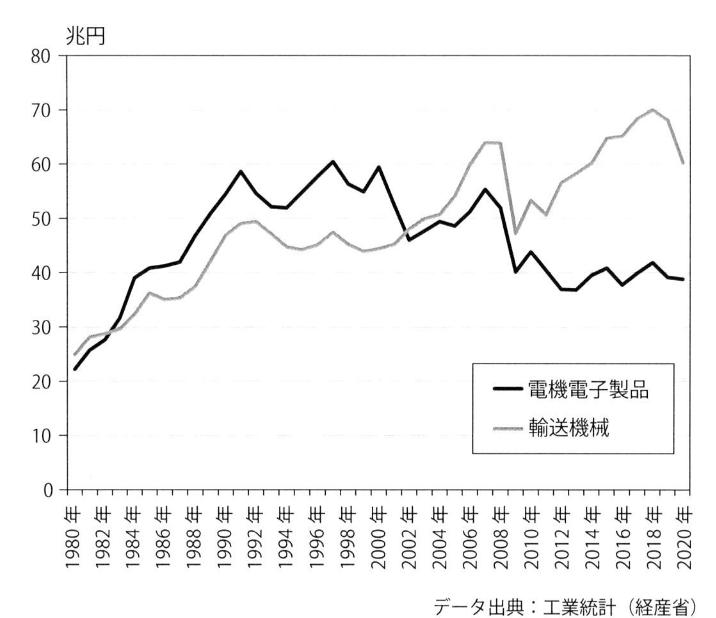

図4-12　1980～2020年自動車産業と電機電子産業の出荷金額の推移

・電機電子産業

機械技術は、地道な積み重ねにより確立される傾向が強く、蓄積された技術により開発された機械製品は容易には追従できない強みを持ちます。しかし、エレクトロニクス製品の場合は、圧倒的に優位であった製品があっという間に陳腐化することもあり、事業リスクが高い側面も持っています。

電機電子製品・部品分野の付加価値総額は、1980年代の急上昇から一転して1990年代以降には減少が激しく、30年間でピーク時の60%程度まで落ち込んでいます（図4-10)。出荷金額で見ても1990年以降は減少傾向にあり、特にリーマンショック以降は、付加価値と同様でピーク時の60%程度に落ち込んでおり、復活の気配がありません（図4-12)。

電機電子産業は、非常に多様な分野にわたります。社会インフラを支えるシステム、業務用の製品や部品などのBtoBビジネスから、家電製品など家庭や職場で使われる消費財などのBtoC製品まで、製品の質や顧客のタイプ、事業の体制はさまざまです。周知のようにBtoC製品の多くは、新興工業国に道を譲っていることが、電機電子産業の落ち込みの一因です。公共需要を顧客とする社会インフラを支えるシステムや、他の事業体を顧客とするBtoB製品は、顧客がその製品を使うことによって得られる価値に対して適正な価格かどうかが評価されますので、安易な価格競争に陥らない傾向があります。

一方BtoC製品は、大多数の顧客は一般家庭であり、各社の製品間で機能や性能面での差はあまり大きくありません。そのため価格競争に陥りやすくなり、新興工業国に勝てなくなります。BtoC電機電子製品では、高度経済成長期には欧米の先行製品に対して低価格で勝り、さらに安定成長期には品質や小型軽量化などのプラスアルファで優位に立ちました。バブル崩壊後は逆の立場となり、新興工業国に対して守りに入ることになりましたが、苦しい結果となっています。白物家電やAV家電がBtoC電機電子製品の代表例です。テレビのように、かつて世界トップの生産国であったにもかかわらず、日本製品としてはすでに衰退した製品もあります。

・テレビ産業の盛衰

テレビ産業の例は、バブル崩壊後の日本の製造業の弱みを示す端的な例になりますので、多少踏み込んだ解説をします[14][15][16][17][18][19]。

日本のテレビ産業は1980年代にはブラウン管テレビで世界の30〜40%のシェアを獲得していました。それと同時に、後にブラウン管テレビにとって代わる液晶テレビの製品化開発でも先行し、いち早く製品を市場に送り出しています。しかし、2000年代の液晶テレビの普及期になると、韓国、中国にあっという間に抜かれて、日本メーカは次々と撤退を余儀なくされました。

ブラウン管時代のテレビは、技術力により製品に差が出ました。CRTテレビ（Cathode-Ray Tube、陰極線管）とも言いますが、電子銃から打ち出した電子ビームを偏向ヨークという電磁コイルで方向を制御し、画面の目的場所に当ててそこに塗布されている蛍光体を発光させ、これを途切れなく繰り返して1秒間に30画面を作りだす方式です。カラーテレビの場合は構成部品も多く、どのようにして三原色（RGB：Red,Green,Blue）を発色させるか、いかに高速に精度よく電子の軌道を制御するか、いかに電子銃や蛍光面の劣化を防ぐか、いかにゆがみのない四角い画面を作るか、いかに全体を薄く作るか、など技術課題が満載でした。日本のメーカは優れた技術力を発揮し、安価で高性能、高品質な製品精度を市場に送り出していました。

ブラウン管テレビは、2000年代にフラットパネルディスプレイ型テレビに置き換わります。フラットパネルディスプレイ型テレビの開発でも日本が先行していました。フラットパネルディスプレイ（FPD）は、板状の部材上に多数配列された微細な画素を、それぞれRGBのいずれかの色で光らせることでカラー画面を構成する方式のディスプレイです。フラットパネルディスプレイは複数の板状の部材を貼り合わせる薄型のパネル型のディスプレイで、これを採用することによりテレビは薄型になります。

フラットパネルディスプレイにも多くの形式がありますが、代表的なものは液晶テレビに使われているTFT-LCD（Thin Film Transistor-Liquid Crystal Display、薄膜トランジスタ型液晶ディスプレイ）です。TFT-LCDはLEDのバックライト、カラーフィルター、液晶を封じ込めたTFTアレイを重ね合わせた板状のパネルで、バックライトから出た光をカラーフィルターを通して見ることになります。

地上波デジタル放送の画素数は1920×1080で、カラーフィルターはこの画素数分のRGBいずれかの色の微細なフィルターで構成されています。映す画面に対応して必要な画素の光だけを通過させ、不要な画素はシャッターで遮蔽することで画面が構成されます。このシャッター機能を持っているのがTFTアレイと液晶です。TFTアレイも1920×1080の画素数分だけ並んだ構造になっていて、光を通したい画素部分だけ電圧をかけると液晶が光を通すように液晶が配列しシャッターが開きます。シャッターを開けた画素の光だけがカラーフィルターを通過することで画面が構成される仕組みです。

1980年代半ばにセイコーエプソンとパナソニックから2インチ、3インチの小型のLCDテレビが発表され、1988年にシャープから発表された14インチ

TFT-LCDによるカラーテレビをきっかけとして、薄型テレビの開発競争が始まりました。しかしTFT-LCDテレビが本格的に普及し始めるには、価格も画質もブラウン管テレビに対抗できるレベルにする必要がありますが、それには10年以上の月日がかかりました。最初に売れ始めた液晶テレビは、シャープから1998年に発売された12インチと15インチ、続いて1999年に発売された20インチです。価格的にはブラウン管テレビの7～8倍と高額でしたが、夢の壁掛けテレビということで売れ始めたようです。これを機に液晶テレビの製品化競争が始まりました。あまり間を置かず各社からいっせいに製品が発売され、2000年代初頭には早くもブラウン管テレビの2～3倍の価格まで下がりましたので、一般家庭への普及が始まりました。

世界の液晶テレビ市場は日本製の圧倒的なシェアからスタートし、2005年まではシャープがトップシェアを維持していました。その2005年には日本国内で液晶テレビの生産台数が400万台を超え、初めてブラウン管テレビの生産台数を上回りました。ただし世界全体のテレビ市場で見ると、まだブラウン管テレビの方が圧倒的でした。しかしその後、2006年にトップシェアを韓国のサムスン電子に譲り、液晶テレビの世界市場は急拡大とともに、日本メーカはシェアを落としていきました。

液晶テレビは、液晶パネルが表示性能を左右するキーパーツで、その他の部品は、液晶パネルに送り込む映像情報を作成する映像信号処理基板、電源、チューナ、これらを収納する筐体とスイッチ、コネクタ類など、ごく少数です。テレビメーカ側は映像信号処理基板でテレビとしての機能を作りこむことになります。

独立性の高い機能要素（モジュール）をシンプルな汎用的なインタフェースで組み合わせた製品構造を、モジュラー構造と言います。液晶テレビは、液晶パネルが圧倒的な役割を果たし、それ以外はごくシンプルな少数の機能要素からなる典型的なモジュラー構造になっています。液晶テレビがこのようなシンプルなモジュラー構造となったのは日本の技術成果です。しかし、液晶パネルさえ入手できれば、テレビを完成させるための高度な技術力は不要になり、コスト競争の傾向が強まり、かえって日本にとって不利になってしまいました。

それでは、薄型テレビのキーパーツである液晶パネルの製造競争の方も見てみましょう。液晶パネルの主な応用製品は液晶テレビのほかに、ノートパソコン、パソコン用モニタがありますが、日本のテレビメーカ、パソコンメーカは、液晶パネルも自社陣営内で製造することを試みました。1990年代前半の液晶パネルの製造ラインは、ほとんどが日本メーカが日本国内で立ち上げています。第1世代（320×400）、第2世代（360×460）の小さなマザーガラス*を使用した、ノートパソコン用の液晶パネルの製造ラインです。液晶パネルの開発で先行した日本メーカは、これらの小型ガラス基板ラインで、装置メーカとともに製造技術も蓄積していきました。一方、韓国のサムスン、LGも多少遅れて1995年に第2世代の工場を立ち上げ、日本メーカを追従し始めました。

1990年代後半になると、日本メーカ各社は、ノートパソコン用、デスクトップパソコンのモニタ用の液晶パネルを製造する、第3世代（550×650）の工場を立ち上げます。同じころ、サムスン、LG、現代の韓国勢も第3世代の工場を立ち上げ、日本と韓国の間で価格、生産能力の競争が激しくなり始めました。液晶は当初より大きな画面のテレビ用途が本命でしたので、その後さらにマザーガラスの大型化と生産能力の競争になることは明らかでした。またガラス基板の大型化に伴い、製造設備投資がけた違いに大きくなっていくことも明らかでした。

バブル崩壊後の日本の製造業にとっては、ハイリスク、ハイリターンの巨額

＊　液晶パネルの製造は、前工程では画面が何枚か取れるマザーガラスに、画素数に応じた透明電極などの機能を作りこみます。後工程でガラスを切断し、貼り合わせて液晶を注入するなど液晶パネルとして完成させます。前工程は成膜、レジスト塗布、洗浄など多くの物理化学処理を必要としますので、同時にどれだけ多くのパネルができるかによってコストが左右されます。そのためできるだけ大きなマザーガラスで製造できればコストダウンが図れます。
1990年から試作的な第1世代（320×400）、第2世代（360×460）の小ぶりなサイズで始まり、量産に入ると第3世代（550×650）、第3.5世代（600×720）、大型画面対応で第4世代（680×880）、第5世代（1100×1300）、第6世代（1500×1800）、第7世代（1900×2200）、第8世代（2200×2400）、第9世代（2400×2800）、第10世代（2880×3130）と大型化が進みました。第10世代の製造ラインは2009年シャープ堺工場で稼働開始しています。20年で面積は約70倍になりました。なお、世代の呼び方とマザーガラスのサイズは、メーカによって多少異なります。

の設備投資には慎重にならざるを得ず、日本メーカの多くは1990年代終盤の第3.5世代（600×720）では台湾への製造委託という選択をしました。なお、厚さ1.1mmの第3世代のマザーガラスは、もはや人手で運べるものではなく、液晶工場にクリーンロボットが導入されるようになり、一部のロボットメーカでは1990年代から液晶搬送用のロボットの開発競争が始まっています。

2000年代に入って、いよいよテレビ用の第4世代（680×880）、第5世代（1100×1300）、第6世代（1500×1800）の工場が、次々と立ち上がります。ほとんど韓国と台湾の工場です。日本メーカの第4世代の工場は、日立製作所とシャープが国内で、東芝と松下の合弁会社がシンガポールで立ち上がりましたが、第6世代ではシャープのみが国内で立ち上げています。その後シャープ以外のテレビメーカは液晶パネルの自社生産をあきらめ、購入品に頼ることとなりました。

結果として、液晶テレビ、液晶パネル産業は日本の技術力で立ち上がりましたが、後発の韓国、台湾、さらに中国に道を譲る結果となりました。敗因については多くの研究により多角的な分析がされていますが、ハイリスク・ハイリターンの設備投資ができなかったこと、技術的な先行メリットが活かされずモジュラー化された製品での競争に勝てなかったことが挙げられます。バブル崩壊後の日本の製造業に共通する設備投資への消極性と、新興工業国との競合上の弱みの双方が端的に表れた例です。

モジュラー構造とインテグラル構造、システムインテグレータの得意技術との関係

工業製品のなりたちを、製品を構成する機能単位の組み合わせ方法により性格づける技術的な枠組み論が、アーキテクチャ論として展開されています。アーキテクチャ論の基本的な考え方では、人工物は基本的に複数の機能単位（モジュール）の複合体として設計されていますが、モジュール間相互の関係が深くかかわりあっている構造か（インテグラル型）、簡略化されてモジュールの独立性が保たれているか（モジュラー型）によりその製品に関わるビジネスのかたちが性格づけられるという考え方です[20]。すり合わせ設計による製品はインテグラル型で、組み合わせ設計による製品はモジュラー型になります。

モジュラー型の典型は、標準品をモジュールとして組み合わせて仕上げる製品で、2000年以降のパソコンが好例です。パソコンは構成要素であるディスプレイ、CPU、電源、外部機器との接続部、それぞれの接続仕様が簡略化され標準化されており、必要に応じてディスプレイを変えたり、CPUをグレードアップしたりすることが容易な仕様になっています。

必要であれば自分でモジュールを購入して組み立てることも可能です。このタイプの製品はモジュール間の接続仕様が公開されているためオープンモジュラー型という区分になります。モジュール型製品は、モジュール間の調整が不要なため、設計コストが安くなり、製品のパフォーマンスはモジュールの選定次第で実現できます。そのため多様な仕様が実現できますが、製品としての進歩は各モジュールの進歩次第になります。ある程度成熟した製品で、市場に広く普及する製品がこの傾向になりますが、設計上の工夫の余地が少ないためコスト競争に陥りやすくなります。

オープンとは業界レベルで公開されているという意味で、一社独自に閉じているのがクローズドになります。オープンモジュール型の対局にあるのがクローズドインテグラル型で、独自の方法で目標仕様の実現に適した設計を追求するため、モジュール間の接続仕様にも工夫を凝らします。目的に向かって徹底的に作りこみますので最適設計が実現されますが、設計コストがかかります。小型化を最優先とした製品や、開発途上の試作品などはこの傾向があります。

多くの競争下にある工業製品は、これらの中間型であるクローズドモジュラー型になります。競争下にある製品なので当然のことながら、各社独自のクローズド設計を進めますが、社内的には自社に適した標準化、モジュラー化により、コストダウンや信頼性の確保を図ります。産業用ロボットも、おおむねクローズドモジュラー型です。産業用ロボットの機械本体はサーボモータや減速機などの購入部品と、アームなどの外注品あるいは社内加工品で構成されています。事業の歴史の中でノウハウが蓄積され、社内の設計ルールとして展開されることで、各社独自の設計計算や、それに応じた部品の選定基準、あるいは具体的に選定可能な部品を設計基準書に反映しています。

アーキテクチャ論は、システムインテグレータの得意分野、得意技術の考え方にも適用できます。ロボットを活用したシステムインテグレーションにより作り出す生産設備は、基本的にモジュラー構造になります。顧客の要望にしたがって毎回異なるシステムを作り出しますが、毎回ゼロスタートの設計にしたのではビジネスになりません。

システムインテグレータはおのずと得意分野を確立して、得意分野では他社に負けないコストパフォーマンスを発揮する努力を積んでいます。得意分野はたとえば、小型電気品の組み立て、加工機械へのロード／アンロード、半導体の搬送、食材のハンドリングなどさまざまです。それぞれの分野ごとに、必要なハンドリングノウハウやそれに適したエンドエフェクタ、その分野に向いた周辺機器、あるいはその業界の規格や法規制などが異なります。経験を深めるにつれ得意分野を絞り込み、それに対応したモジュール構成を確立して、得意分野のシステムインテグレーションのコストパフォーマンスを高めることで競争力を獲得しています。

さらに他社より突出するためには、システムの中でも特に得意技術を駆使するインテグラルなモジュールを設定することが有効になります。たとえば、画像処理が得意技術である場合は、画像処理以外の部分は徹底してオープンモジュラー構造として設計コストと設計製造時間の短縮を図りますが、画像処理のモジュールは目標仕様に応じて徹底的に作りこむようにクローズドインテグラル型の設計にするという考え方です。言い換えれば、得意分野以外の部分は他社でも代替できる汎用性を持たせながら、得意分野の技術は簡単にまねできないような設計にするということです。システムインテグレータ間の競争も激しくなりますが、得意分野で得意技術を持ち、これを顧客にアピールすることが望まれる姿です。

■ 情報機器の導入からSociety5.0に向かう製造業の情報化

バブル崩壊以降の製造業では、生産設備への設備投資には消極的になったというマイナスイメージは払拭できませんが、急速に進歩する情報処理系の設備導入は一気に進み、製造現場の光景も大きく変わっていきます。社会の情報化の波はIT、ICT、IoTと進み、2010年代半ば以降には、社会の物理世界と情報処理世界を結び付けることにより、広範囲に利益をもたらすサイバー・フィジカル・システムが議論されるようになりました。特に物理的な製品を産み出す物理的な現場が事業活動の中心となる製造業は、サイバー・フィジカル・システムが有効に機能する職種として議論の中心となっています。

・パソコンの普及による製造現場の変化

1990年代初期のパソコン出荷台数はごくわずかでしたが、10年後の2000年には国内向け出荷規模年間1000万台に達しています。(**図4-13**)[21][22]。特に

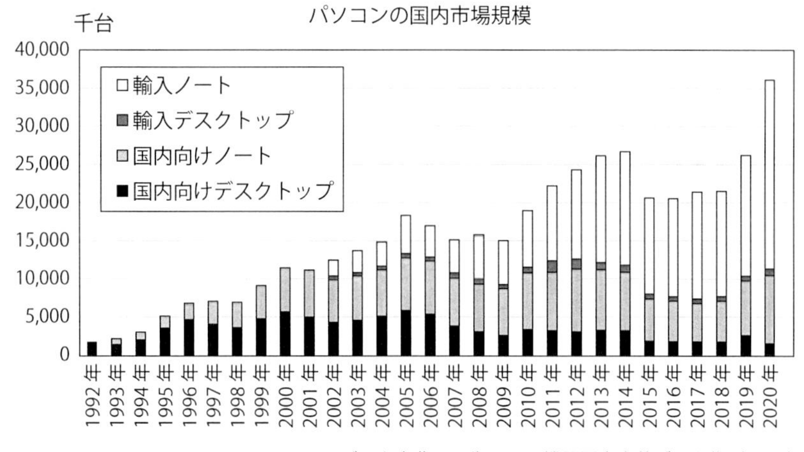

図4-13　パソコンの国内市場規模

1995年発売のWindows95は、ハードウェアに依存しない各種のソフトウェア開発を促進し、パソコンの活用範囲を一気に拡大しました。

製造現場においてもパソコンの活用は広がりました。当時のパソコンはWindowsの信頼性や応答時間の問題があり、まだ現場に持ち込まれることは少なく、事務所で使われることがほとんどでしたが、工程管理や品質管理、そのほか生産技術に関わる情報処理ツールとして活用されるようになり始めました。情報が紙からメディアへに移ることで利用価値が上がり、メインフレームコンピュータによる集中管理から個別現場でも管理できるようになりました。

1990年代には、ローカルエリア・ネットワーク（LAN）を活用した工場の情報処理化も進み始めました。LANで接続された情報処理機器の普及により、情報処理技術を活用した現場の生産管理が展開され始めました。それまでの製造現場の自動化は、生産機械個々の能力を高めることによる効果が中心であったのに対し、1990年代から情報処理技術が加わり生産財全体をシステムとして捉える方向に変わり始めます。

ただし、1990年代のパソコンは信頼性に乏しく、Windowsがパソコンの世界を広げはじめた1990年代後半でも、CRTモニタのデスクトップ型が主流です。仕様はCPUクロックは1GHz以下、3.5インチのフロッピーディスクが標準装備され、ハードディスク容量はせいぜい10GB程度でした。そのため、扱うデータの量や演算処理の負荷などに配慮しながら使う必要がありました。業務用としては、安定性能が高いWindowsNTが並行して販売されていましたが、アプリケーションの展開に乏しく、広く普及するには至りませんでした。

2001年発売のWindowsXPは、業務用と家庭用の区別なく統一設計したリニューアルOSで信頼性が上がりました。仕様面でも、CPUクロックは数GHzまで上がり、ハードディスク容量も100GB級で、外付けドライブはDVD/CD-Rに変っています。このころからフラットパネルディスプレイが普及し、ノートパソコンが一般的となりました。さらに、1990年代後半にインターネットが普及し始めました。当初は必要な時に接続する使い方でしたが、間もなくADSLなどの常時接続サービスが安価に使えるようになりました。

2000年代には情報処理機器の著しい性能アップと、アプリケーションソフトウェアやインターネットを活用した情報サービスの充実により、あらゆる職場ではインターネットにつなぎっぱなしのノートパソコンに向かって仕事をする従業員の姿があたりまえになりました。製造業でも、事務処理のみならず、設計・開発のエンジニアリング、プロジェクト管理、製造現場の受発注管理、進捗管理、品質管理などすべての業務を、ネットワークでつないだパソコンの上で、必要な情報を関係者間で共有しながら進めることが可能になりました。

・IT、ICT、IoT

IT（Information Technology）は情報処理技術全体を示す抽象的な一般用語です。情報処理技術はメインフレームコンピュータの専門家の世界から、パソコンの普及により各個人にとって役に立つ機能というイメージに変わってから、その仕掛けの総称としてITが盛んに語られるようになりました。パソコンの利用は仕事では文書作成、グラフや図要の作成などの資料作り、家庭ではゲームや学習ツールの利用から始まりました。インターネットの普及によりパソコンの利用価値が劇的に上がります。電子メールによるリアルタイムコミュニケーションに始まり、居ながらにして世界中の情報に接することができるようになり、パソコンは世界中の時間的空間的距離を圧倒的に短縮する道具に変わりました。

1990年代末から2000年にかけて、米国を中心にIT関係への過剰投資によるITバブルが発生し、2001年にはあっさりと崩壊していますが、日本の社会全体としてはITバブル崩壊後に、かえってITのもつ社会インパクトを意識する傾向が強くなりました。たとえば、国政としても2000年に「高度情報通信ネットワーク社会形成基本法」（IT基本法）が制定され、法的にIT化促進が取り上げられるような動きが始まりました。インターネット関連サービスとしてYahoo Japanの日本語検索サービスは早くも1996年にスタートし、Googleの日本語検索サービス、Amazonの日本サービスもともに2000年にスタートしています。

本来インターネットの普及による社会インパクトとしては、ICT（Information Communication Technology）の方が的確で、通信に重きを置く情報処理の議論ではICTが使われるようになります。インターネットの活用は電子メールのような通信サービスや、情報検索サービス、インターネット店舗サービスなどから始まっていますが、2006年にGoogleからクラウドコンピューティングサービスが提唱されました。

従来のコンピュータの情報通信サービスでは、コンピュータ端末にソフトウェアをインストールし、そのソフトウェアを通じて情報源からデータやメッセージを授受する方法です。これに対して、クラウドコンピューティングサービスでは、ソフトウェアの本体が使用しているコンピュータ端末上になく、端末はネットワーク上に置かれたソフトウェアにアクセスするためにあります。そのため、自宅のパソコンからでも、会社のパソコンからでも、出先のスマートフォンからでも、同じソフトウェアが同じ状況で利用できるようになりました。

2000年ころから、IoT（Internet of Things）がクローズアップされてきます。IoTは「モノのインターネット」という、いささか分かりにくい日本語に訳されています。もともとIoTはMITでRFID（Radio Frequency IDentification）の研究者が使い始めた造語とされています。RFIDはあらゆるもの個々の識別と情報通信を可能とするために取り付け、無線通信で読み書きできるICタグです。IoTは、あらゆるものにRFIDを取り付けることができれば、あらゆるものを情報的につなげたインターネットが構成できるという発想だったようです。現在、一般に流布されているIoTはいささかイメージが異なり、パソコンなどの情報処理機器だけではなくあらゆるものをインターネットに接続する技術、あるいはそれによって実現できるシステムを指しています。

いずれにせよ、広義のIoTとしては、「モノ」の生の情報をネットワークの中に取り込むことにより、現実の物理世界の情報を十分に反映した情報処理システムと解釈するのが妥当です。常に何が起きているかを把握し対応することが望まれる製造現場には非常に有効な概念です。

・サイバーフィジカルシステムと製造業

2010年代はあらゆる産業で広義のIoT化がクローズアップされました。IoT化の目標とすべき理想像として、製造業を対象としてドイツが2011年に公表したIndustry4.0、社会全体を対象として日本が2016年に公表したSociety5.0[23]などが相次いで提示されました。

Industry4.0はドイツ政府が「高度技術戦略の2020年に向けた実行計画」の中で示した考え方で、情報処理を最大限に活かしたスマート工場を中心として、情報の共有化によりバリューチェーンとサプライチェーンを形成する製造業のエコシステムの提案です。18世紀後半から19世紀にかけてイギリスで起きた水力機械や蒸気機関などによる動力機械化による最初の産業革命、19世紀後半から20世紀初頭にかけて電気技術と重化学工業が進み大量生産が可能になった第二次産業革命、20世紀後半の計算機や通信技術の進歩による情報化社会に進んだ第三次産業革命とし、スマート工場による製造業のエコシステムを第四次産業革命（Industry4.0）と位置付けたものです。

日本では2016年に策定した第５期科学技術基本計画の中で、Society5.0を用いました。これはサイバー空間（仮想空間）とフィジカル空間（現実空間）を高度に融合させたシステムにより、経済発展と社会的課題の解決を両立する人間中心の社会を目指すという考え方です。狩猟社会（Society1.0）、農耕社会（Society2.0）、工業社会（Society3.0）、情報社会（Society4.0）に続く新たな社会をSociety5.0と位置付け、目指すべき近未来社会の姿として示されました。ちょうど2010年代初頭からビッグデータとディープラーニング技術で加速された機械学習を中心として第三次AI（人工知能：Artificial Intelligence）ブームとなっており、サイバー・フィジカルのイメージと相性が良くさまざまなアプローチを産んでいます。

一方、現実の日本の製造業では2010年代までに情報処理や通信に関わる機器や技術はある程度出そろっていました。すでに多くの企業では、身の丈に応じてコンピュータとネットワークを活用した企業の生産、営業、会計、人事などのリソース管理システム（ERP：Enterprise Resources Planning）を何らかの形で導入していました。

Industry4.0、Society5.0のいずれも、情報の共有化により個々の独立した単位では獲得できない新たな価値を見出すというイメージが根底にあります。日本企業も複雑多様化する市場に自社のリソースだけでは十分な競争力、特に新興工業国との競争に勝てる力は得られなくなっているという認識もあるので、考え方としては受け入れやすいものでした。ただし現実には企業の枠を超えた情報の共有化は難しく、各企業が個々にIoT導入を行う延長線以上には進んでいません。共有化のためのデータや通信仕様の標準化ができていない技術的な課題はもちろんあります。しかし、本質的な課題として、情報の共有化は企業間の競争と協調を線引きし、協調活動に限定して行われるべきであるものの、競争と協調の線引きが明確にはできないことが挙げられます。

2　グローバル化を深める日本の製造業

2020年のGDP上位5ヶ国は、米国、中国、日本、ドイツ、英国ですが（**図4-14**）[23]、製造業の付加価値総額では、中国、米国、日本、ドイツ、韓国に変わります（**図4-15**）[24]。日本の製造業GDPはバブル絶頂期の1990年代初頭の時点で、当時トップの米国と肩を並べるレベルに達したものの、その後30年間は停滞状態が続き、2007年には急成長する中国に抜かれて第3位になりました。第4位のドイツは日本の70%、第5位の韓国は日本の40%のレベルなのでかなり差はありますが、右肩上がりで増加していますので、将来追いついてくる可能性は十分にあります。

第6位以下はインド、イタリア、フランス、英国、インドネシアと続きますが、イタリア、フランス、英国の欧州3ヶ国が2000年以後の20年間での成長率が40～50%であるのに対して、インド、インドネシアのアジア2ヶ国は同じ20年間で400～500%の成長を実現しています。中国の10倍成長には及びませんが、十分急成長と言える成長ぶりで、ドイツより先にインドが追いついてくる可能性の方が高そうです（**図4-16**）[24]。

なお、インド向けの日本製産業用ロボットは、2010年ごろから増え始めています。2021年のインド向けロボットの出荷台数は3358台で輸出総数19万台の2%にも満たない規模ですが、ドイツ向けのロボット6764台のほぼ半数にまで迫っています。

新興工業国の製造業の発展と、先進工業国のグローバル化は強く関係しています。中国の「改革開放」がそうであったように、新興工業国にとって先進工業国の工場誘致は、地域経済の活性化と新技術導入につながる産業振興の最初のステップになります。先進工業国側にとっても、新興工業国への事業進出は、カントリーリスクはあるにせよ、市場の新規開拓や現地の安価な労働リソースの獲得など、多くのメリットがあります。

バブル崩壊後の日本の製造業は、国内製造の手詰まり感から、海外生産に活

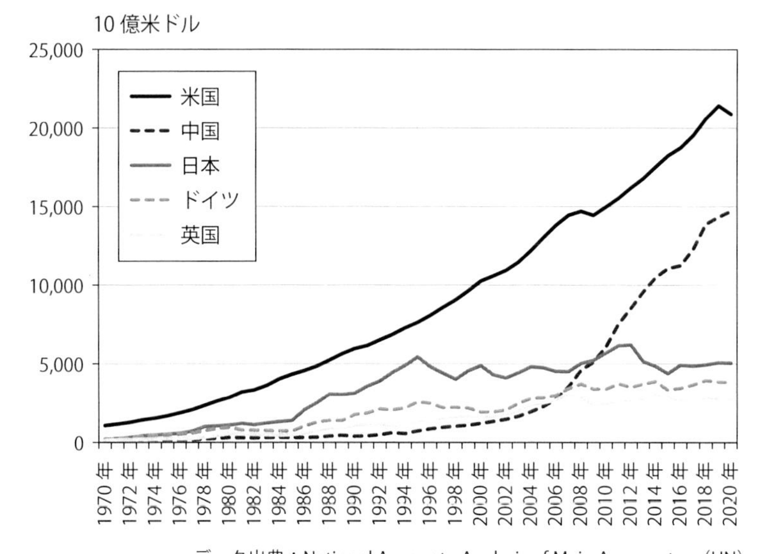

データ出典：National Accounts-Analysis of Main Aggregates（UN）

図4-14　名目GDP上位5ヶ国

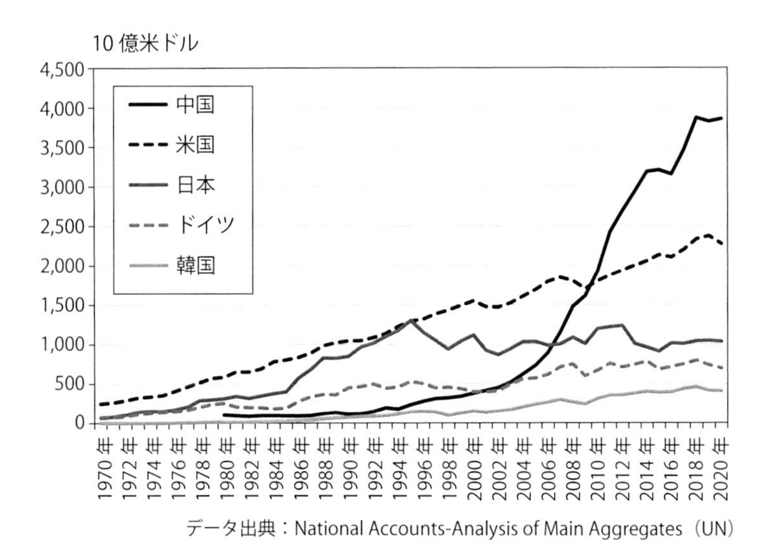

データ出典：National Accounts-Analysis of Main Aggregates（UN）

図4-15　製造業付加価値総額上位5ヶ国

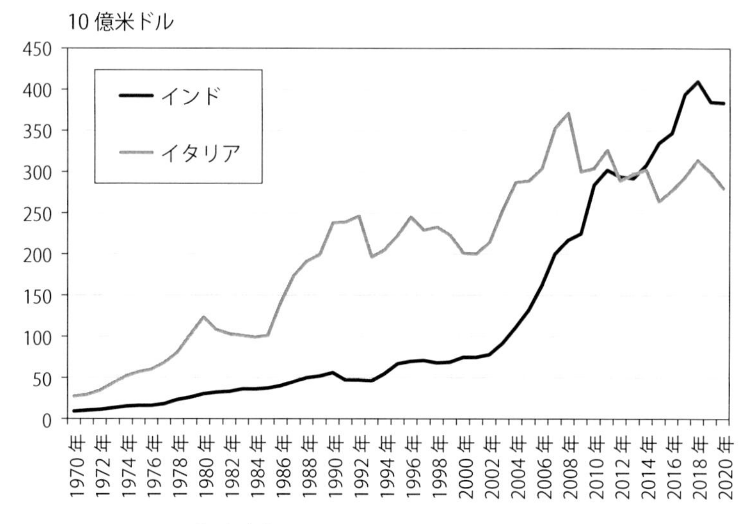

データ出典：National Accounts-Analysis of Main Aggregates（UN）

図 4-16　製造業付加価値総額のインドとイタリアの比較

路を見出す動きが強まりました。1990 年から 2020 年までの 30 年間で、海外生産は 20 兆円から 120 兆円と拡大を続け、1996 年には輸出金額を超えました（**図 4-17**）[1][5][22]。日本国内での製造業の生産総額はおよそ 300 兆円ですので、日本の製造業の実力は国内外の生産額合わせて 420 兆円であり、そのおよそ 1/3 が海外生産であるという見方もできます。

2-1　海外生産の展開

海外生産は、リーマンショック時にいったん減少していますが、おおむね増加傾向を続けてきました。しかし 2010 年代半ばに増加が止まり、2018 年の 138.5 兆円をピークに減少傾向になりました。海外生産を展開している業種としては、70% が自動車産業と電機電子産業です（**図 4-18**）[5]。この 2 業種についてビジネスのグローバル化が進む中で、海外生産が展開されていった経緯から、それに伴う産業上の問題点について考えてみましょう。

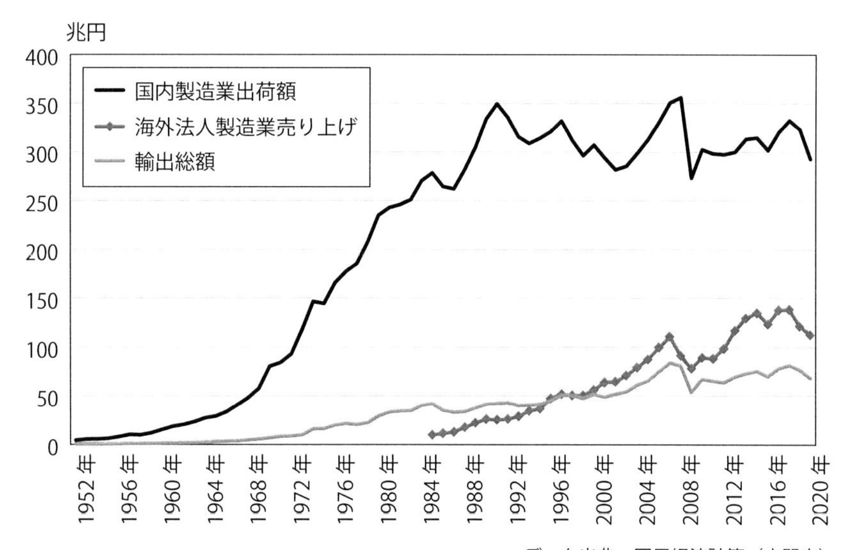

データ出典：国民経済計算（内閣府）、
海外事業活動基本調査（経産省）、
貿易統計（財務省）

図4-17　国内製造と海外製造、輸出の比較

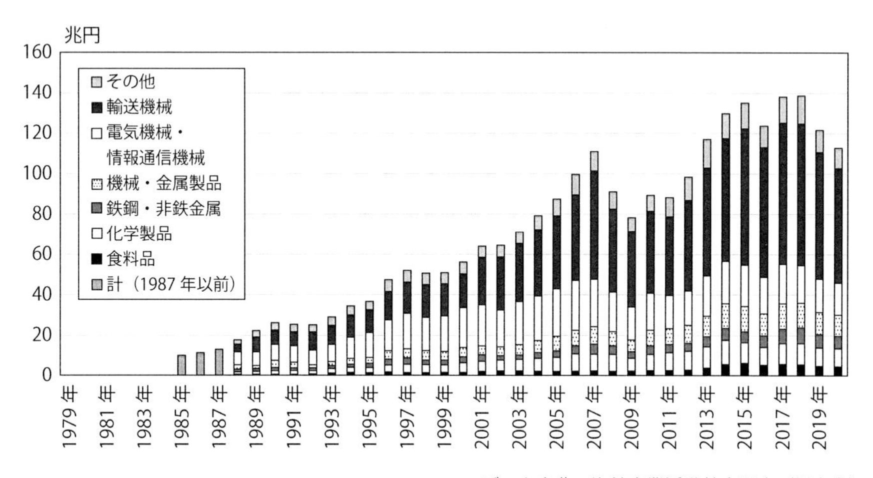

データ出典：海外事業活動基本調査（経産省）

図4-18　日系製造業海外生産の現地売上額の業種別推移

■ 自動車産業の海外生産

日本製の自動車を海外で製造する最初の形態は、1960年代の完全ノックダウン輸出です。これは完成車に必要なすべての部品を輸出し、現地で組み立てのみ行う方式です。現地で付加価値の高い生産を行うわけではありませんので、いわゆる現地生産とは異なります。輸送コストを下げたり、完成品の輸入にかかる高額課税を回避するために、大型機械類などでも採用される方法です。

自動車の本格的な海外生産は、1980年代から始まりました。日本製自動車の生産台数は1980年に年間生産1000万台を超え、うち600万台が輸出されていました（図4-11）。日本車は安価で低燃費、性能が良く信頼性も高いため、世界中で高い評価を得ていましたが、それがため自動車産業が大きなウェイトを占める米国との間に日米貿易摩擦が発生しました。この時の貿易摩擦は、日本側の対米輸出自主規制と米国内で日本車を現地生産することで緩和されました。日本車の現地生産は米国国内に雇用を創出し、市場には品質の良い小型車が引き続き供給されるということから、歓迎されました。

自動車産業はすそ野が広く社会的な影響の大きな産業です。そのため地産地消型の現地生産は現地の産業振興の面から歓迎され、1980年代以降、先進工業国、新興工業国を問わずその国の国情に合った海外生産が進められています。なお、海外生産の拡大とともに国内が産業として衰退する、いわゆる空洞化が起こると、将来の不安要因になります。自動車産業の場合は、図4-10にみられるように、国内で産み出す付加価値も順調に拡大していますので、健全なグローバル化が展開されている業種であることはすでに述べましたが、産業用ロボットの最大のユーザが生産技術に長けた自動車産業であることは、必然的であるとはいえ、非常に幸運です。自動車産業の国内外での生産拡大は、産業用ロボットの国内外での普及促進に直結しました。

■ 電機電子産業の海外生産

電機電子産業は家電製品のような耐久消費財、半導体などの電子デバイス、モータなどの産業用電気品など広い範囲にわたります。海外生産は耐久消費財を中心に展開しました。その中でも海外生産が早かったのはカラーテレビで、1970年代に米国に進出していますが、そのきっかけになったのは自動車と同様に日米貿易摩擦でした。

米国の家電業界では、1960年代から輸出されてくる安価な日本製品は脅威となっていました。1968年に米国工業会は日本製テレビに対するダンピング訴訟を起こし、1971年にダンピング認定が下されています。それにもかかわらずオイルショック後の1975年、1976年に、小型安価で省エネ化が進んだ日本製カラーテレビは、米国市場で売り上げを急速に伸ばしていきます。米国側はこれを不満としたため、1977年に「日本製カラーテレビに関する市場秩序維持協定が締結され、年間300万台近くあった対米輸出は175万台に制限されました。ここから日本メーカによる米国でのカラーテレビの生産が始まりました。日本からの対米輸出は制限以上の大幅な減少になりましたが、米国内で生産した製品の販売は順調に拡大していきました。1977年の協定は、米国のテレビメーカを保護するためのものでしたが、結局のところ米国のカラーテレビメーカは全滅してしまいました。

1980年代の日本のテレビ産業は、ブラウン管テレビで世界シェア30～40%を確保して最盛期を迎えました。生産の自動化も進み、アジアにもカラーテレビの海外生産拠点を拡大しました。自動車産業と同様、産業用ロボットの初期成長期は、元気な電機電子産業にも支えられていました。カラーテレビの海外生産は、先進国との貿易摩擦回避や関税回避の方策としてスタートし、それを機に世界市場に存在感を示すことになりました。カラーテレビのその後はすでに解説したように、液晶テレビに駆逐されるという特殊な展開になってしまいましたが、海外生産のきっかけは自動車産業と類似のものでした。

しかし、電機電子産業全体における1990年代以降の海外生産は、自動車産業とは異なる状況になっていきました。海外生産は引き続き拡大していきますが、それと同時に日本国内で得られる付加価値総額は減少の一途となりました。（図4-10）結果的には国内の空洞化の様相を呈しています。さらに海外生産規模は2000年ごろから伸び悩み、2010年代半ばからは若干の減少傾向になっています。このころから製品によっては、国内回帰の傾向も見られます。電機電子産業では継続性のある国内製造の強靭化をはかり、それに応じたバランスの取れた海外生産のあり方を見直すべき状況と思われます。電機電子産業では今後さらに新興工業国との競争が厳しくなりますので、競争力を強化するためには、単なる価格競争に陥ることなく、「日本ならでは」の自動化を究める活動が必要です。

■ 海外生産の健全性

日本の海外生産は欧米での生産からスタートしましたが、1990年代以降はアジアの新興工業国にシフトして増加を続けました。2010年代に海外生産規模が国内生産の1/3を超える120兆円レベルに達してから小休止に入っています（**図4-19**）[5]。欧米での海外生産は、基本的に現地向け製品を現地のリソースを活用して生産する地産地消型の海外生産ですが、アジア生産では地産地消

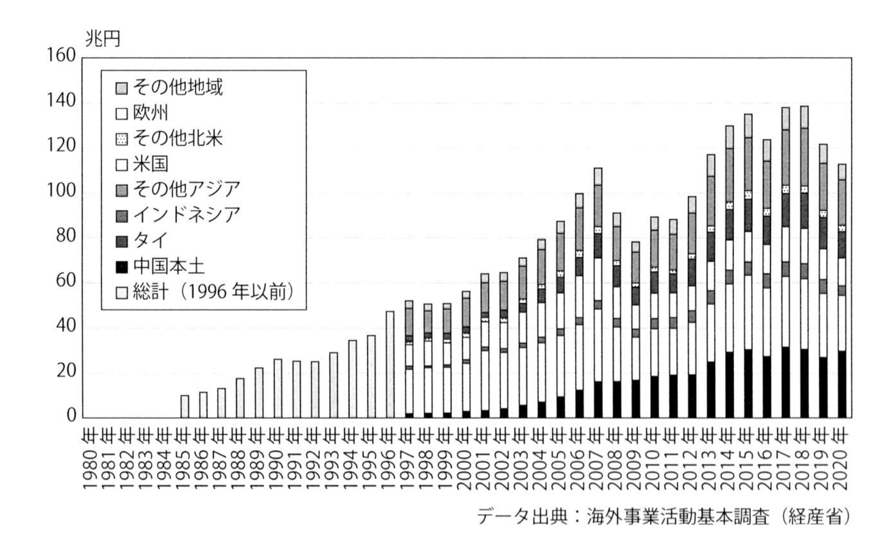

図4-19　日系製造業海外生産の現地売上額の地域別推移

型に加えて、安価な労働力や安価なインフラコストが得られる地域に生産拠点を確保する、いわば生産拠点型の海外生産という二面性があります。

アジアの新興工業国は発展途上にありますので、現地の経済や産業は素早く変化する可能性があります。地産地消型生産では、変化する現地需要にいち早く対応することにより、現地の経済成長とともに事業も成長させることができます。一方、生産拠点型の方は一時しのぎとして割り切る必要があります。短期的には目論み通りの効果は得られますが、現地の経済進歩とともにコストメリットは薄れていきます。そのため、コストメリットを目的とした現地生産の場合は、あらかじめ次のシナリオを準備しておく必要があります。いずれにせよ、現地経済の進歩を受け入れるシナリオでなければ健全な海外生産としての成果は得られません。

2010年代の海外生産と製品の出荷先で見ると、現地国向け55%、第三国向け35%、日本向け10%で、半数以上は地産地消型です（**図4-20**）[5]。第三国向けは、近隣国向けの地産地消型に近いものも多いですが、生産拠点型も一定数

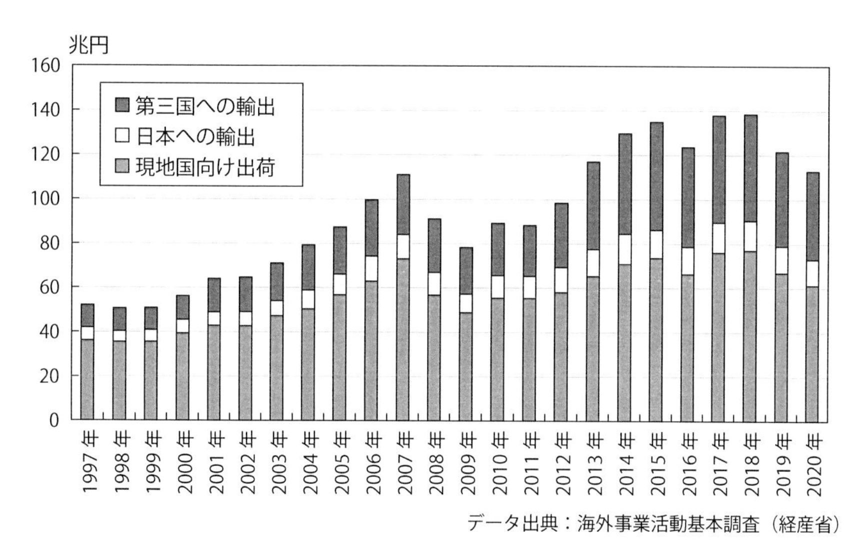

図4-20　海外生産製品の出荷先

含まれていると思われます。日本に還流されてくる10%の10兆円余りは、本来は日本の国内生産競争力を高める自動化投資を惜しまず、日本国内の生産規模に加えるべきものではないでしょうか。

2-2　輸出入の変化に見る国際競争力

拡大する国際需要に対して、海外生産で対応するのか輸出で対応するのか、どちらが日本経済に良い結果をもたらすかを見極めるのは難しいですが、日本国内生産で残すべき製品なのか否かを、その製品の存在意義から判断することも必要です。技術的に守るべき製品、日本国内需要で徹底的に鍛えるべき製品は、苦労してでも国内生産にとどめ、輸出を選択する判断も必要です。

■ 輸出入の変化

高度経済成長期の1960年代の貿易に関するキーワードは「輸入超過」と「加工貿易国」でした。材料資源、エネルギー資源を輸入に頼らざるを得ない日本は、工業製品の輸出の拡大による貿易黒字を目指していたものの、残念ながら赤字というのが当時の状況でした。

貿易赤字は戦後から東京オリンピック開催の1964年まで続きました。当時は鉄鋼・造船など重化学工業が経済の推進役で、1965年には高い経済成長下にある米国向けの鉄鋼輸出が急増して対米貿易が大幅な黒字となり、日本の貿易収支が黒字化しました。1960年代後半から1970年代初頭にかけて貿易黒字は続きましたが、1973年、1979年のオイルショック時に、原油価格高騰により一時、赤字に転落しました。しかし、1980年以降は、対米貿易がもたらす黒字を中心に、2010年までの30年以上、日本は安定した貿易黒字国となりました（**図4-21**）[25]。

高度経済成長期以来、輸入品目は終始一貫して鉱物性燃料（原油など）、原料品（鉱石、木材など）、食料品で変わりませんが、輸出品は、時代とともに入れ替わっています。

主な輸出品目は戦後まもないころは繊維、その後は鉄鋼・船舶となり、1970

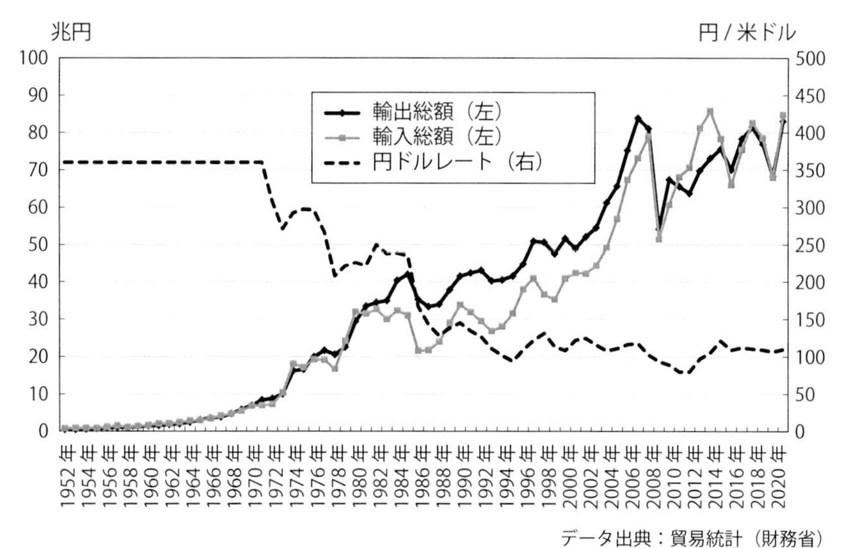

図4-21　日本の輸出入金額と為替レートの推移

年ごろから自動車、電気機器、精密機械のハイテク製品に変わりました。ハイテク製品でも対米輸出は好調でしたので、国内のハイテク産業を守りたい米国との間で、次の時代にも影響を及ぼすいくつかの事件が起きました。自動車とカラーテレビについては本章ですでに解説してきましたが、半導体、コンピュータについても事件が起きています。

1986年に米国を抜いて世界のトップシェアに立った日本の半導体に対して、米国は日本がメモリー半導体のダンピングを行っているという一方的な解釈を示し、日米半導体協定を押し付けてきました。日本側から価格決定権を奪い、さらに日本国内市場では外国製を20％以上使用することを義務付けるなど相当に不平等なもので、その後の日本の半導体衰退、韓国が漁夫の利で市場を確保するというきっかけとなってしまいました。当時の日本に米国の理不尽さを跳ね返す力がなかったのは大変残念なことです。

コンピュータの世界では、IBM産業スパイ事件が起きています。まず、アポロ計画の産物でもあるメインフレームコンピュータで70％を超える圧倒的なシェアを獲得したIBMに対し、米国司法省が独占禁止法抵触の判断を下しました。それに従いIBMは一部仕様を公開することなり、日本では日立製作所と富士通がIBM互換機ビジネスを立ち上げました。日本の互換機は好調に売り上げを伸ばし、IBMのシェアは1970年代半ばで50%以下までダウンしました。そこでFBIが日本メーカに対して新たな情報公開を装ったおとり捜査を行い、日本のコンピュータメーカから逮捕者を出したという事件です。結局は司法取引と和解により解決しましたが、IBMより安い機械でIBMコンピュータのソフトウェアが使えるユーザメリットは絶大で、その後も互換機は売り上げを伸ばしました。しかし、1980年代は、すでにマイクロプロセッサを搭載したロボットのようなさまざまな機器が普及を始めている時代です。コンピュータはダウンサイジングにより小型で入手しやすい身近なものに代わり、やがてメインフレームコンピュータは貿易の主役から姿を消しました。

1980年代は、技術進歩でもにぎやかな時代でしたが、貿易面から見ても、にぎやかな時代でした。なお、貿易に深く関わる円相場は、戦後続いた360円／＄の固定相場は1972年にいったん308円／＄に切り下げられ、1973年から完全な変動相場制に移行しました。1980年代には220円台／＄から120円台／＄まで円高が進んだにもかかわらず、好調な輸出が日本に大きな貿易黒字をもたらしたことは驚くべきことです。

バブル崩壊以後、日本経済は失われた10年に入りますが、貿易は安定的に増加しています。1991年から2000年まで輸出金額は年平均プラス8%、輸入金額は年平均プラス7%で、貿易黒字も増加しています。この間に対欧米貿易に大きな変化はありませんので、この増加は対アジア貿易の拡大によるものです（図4-22、4-23）[22]。

2000年代に入ると輸出、輸入とも急増しています。2001年にWTOに加盟した中国との貿易が本格化したことが強く影響しています。

■ 対中国貿易

2000年の対中貿易は、わずか輸出3兆円、輸入6兆円でしたが、リーマン

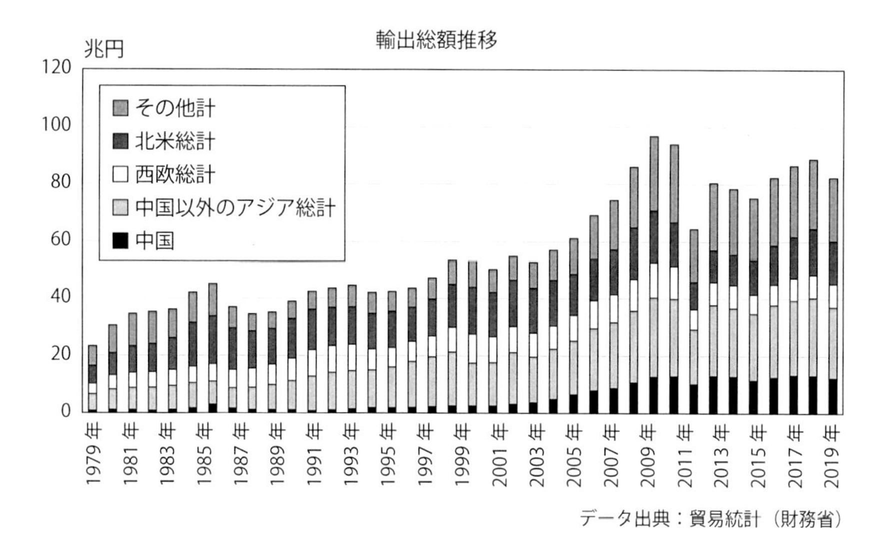

図4-22　出荷先地区別の輸出金額推移

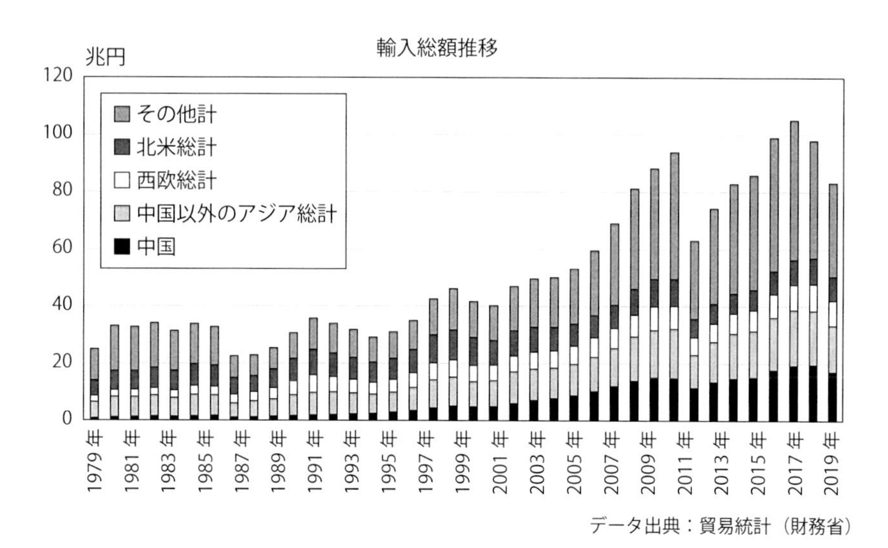

図4-23　出荷元地区別の輸入金額推移

ショック前の2008年には輸出13兆円、輸入15兆円まで増加しました。2008年の中国向け輸出は輸出総額の16%を占め、対米輸出の18%に次いで第2位となっています。中国からの輸入は輸入総額の19%を占め、こちらは対米輸入の10%をはるかに上回る第1位となっています。中国への輸出は世界各国でも増加しており、日本製品の中には韓国や台湾経由で中国に納入される間接輸出品も増加していると推定されますので、中国市場の拡大は、他国への輸出にも影響を及ぼしています。

対中貿易の、製品別推移を**図4-24**に示します。中国からの輸入品（図4-24（1））は、取引量の少ない1990年代前半では、食品、鉄鋼、雑貨（家具、衣類など）が中心でしたが、取引量が増えるに従って、電機電子、機械、化学品が増えていきます。携帯電話機、パソコンが主な輸入品です。中国への輸出品（図4-24（2））は、電機電子、機械、鉄鋼、化学品、自動車部品から始まり、その後も品目は変っていません。IC、半導体製造装置、精密測定器、分析用機器、プラスチック製品などが主な輸出品です。

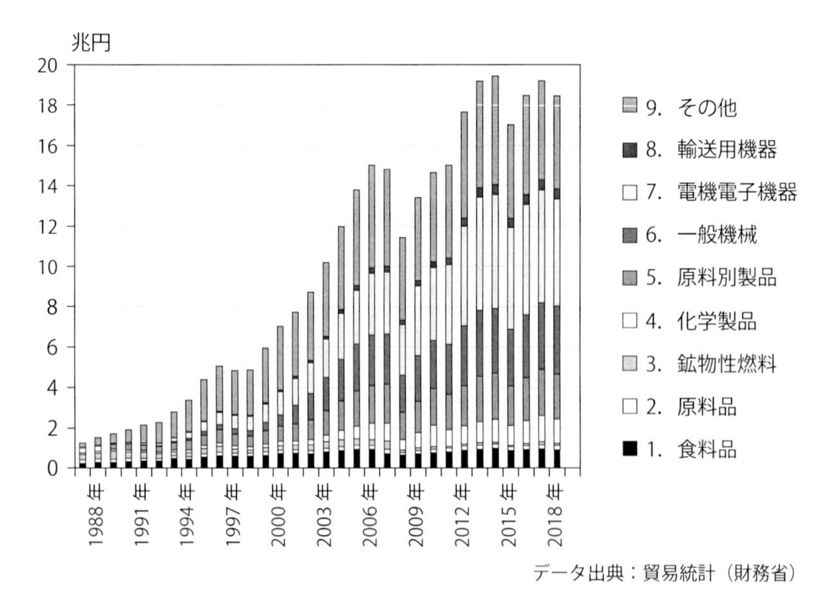

図4-24（1）　対中国貿易分野別輸入

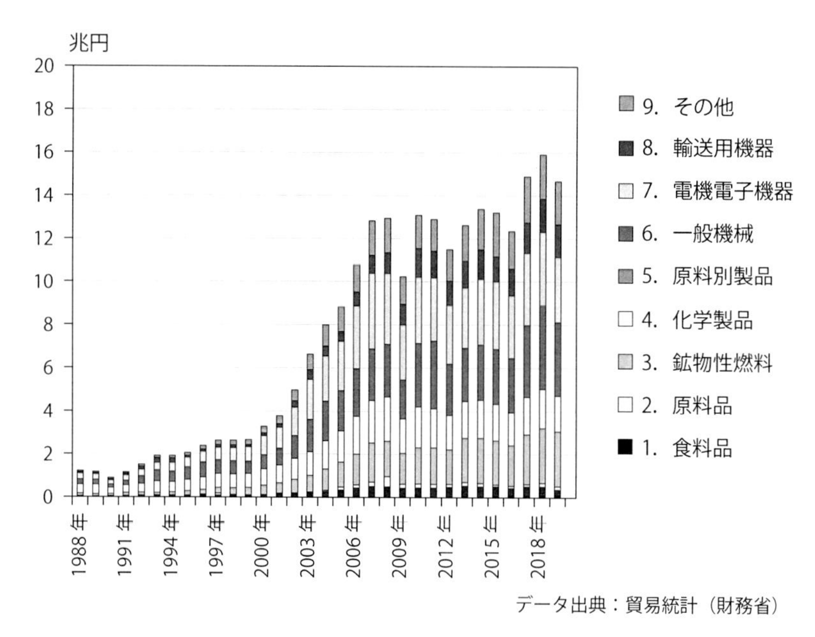

図4-24（2）　対中国貿易分野別輸出

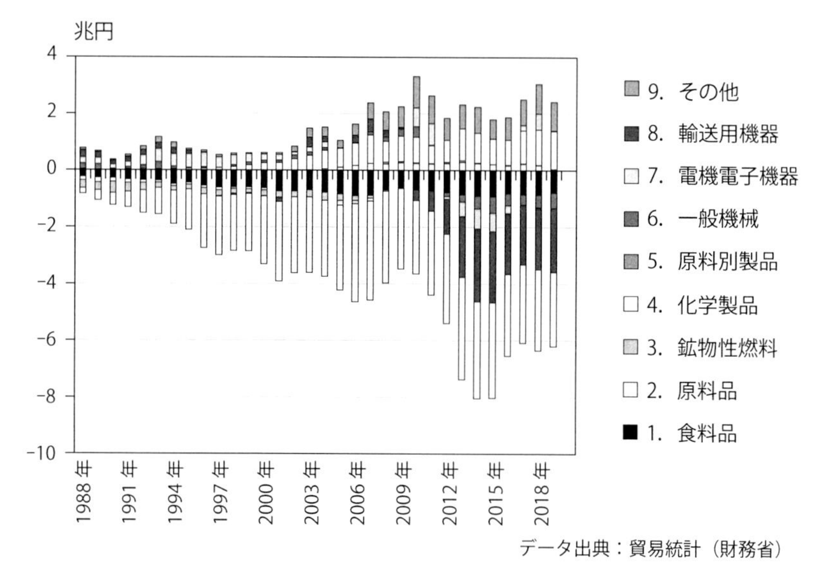

図4-24（3）　対中国貿易分野別貿易収支

対中輸入は増加し続けていますが、対中輸出は、2000年代に急増した後、伸び悩みの傾向にあり、対中貿易収支は赤字が拡大しています（図4-24(3)）。自動車分野と化学分野の対中貿易は継続的に黒字ですが、電機電子、機械、鉄鋼などはリーマンショックを境に黒字から赤字に変わっています。特にかつて日本が得意としていた電機電子分野の赤字は、極端に拡大しています。

■ 日本の製造業の国際収支

日本の貿易収支と、製造業の海外事業から受け取る収益配当・ロイヤリティなどの第一次所得収支を**図4-25**に示します[22][5]。輸出金額から輸入金額を引いた貿易収支は、輸出入が拡大し続けた1980年からリーマンショックのころまでは黒字が続きました。その後、輸出入金額が増減する不安定な状況になったことに伴い、貿易収支も安定しなくなっています。一方、海外製造会社から親会社が受け取る配当金やロイヤリティなどは、海外製造の拡大に応じて年間5兆円まで安定して増加しました。そのため貿易と海外生産業の海外活動における国際収支は黒字を維持できそうですが、バランスの取れた国際競争力を確

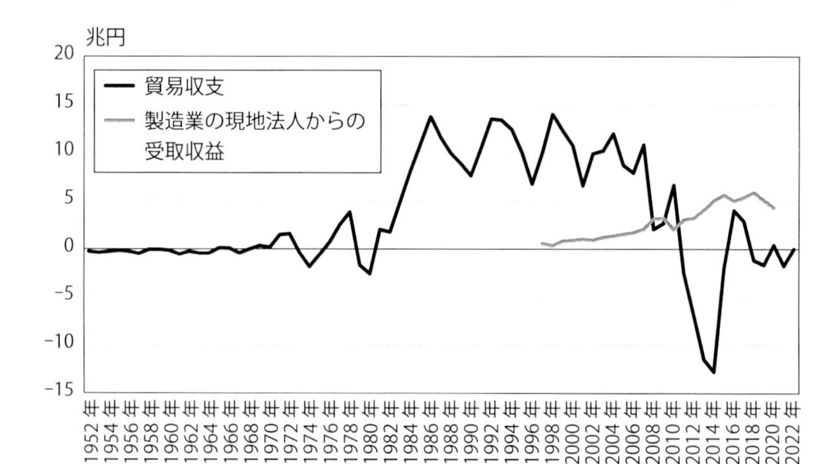

データ出典：貿易統計（財務省）、
海外事業活動基本調査（経産省）

図4-25　日本の貿易収支と製造業の海外事業からの収入

保し貿易収支も安定させたいところです。

分野別の貿易収支を**図4-26**に示します[22]。食料品、原料品（鉱石など）、鉱物性燃料（原油、液化天然ガスなど）は常時赤字で、貿易赤字幅は原油価格に大幅に依存しています。原油価格の振れを、黒字分野がカバーできていないのが現状です。黒字分野で目立つ変化は、やはり2000年代以降の電機電子機器の収支悪化です。1980年代に貿易黒字を稼いだのは自動車、電機電子、機械でしたが、電機電子機器は2000年以降黒字幅が縮小し、2020年代の黒字は風前のともしびになっています。対中貿易赤字がこれ以上広がると、電機電子機器は赤字分野に転落します。

最後に貿易相手国の上位5ヶ国を**図4-27**に示します[26]。直近は大きな変化はなく、依然として米中への依存度が大きく、輸出入とも上位の中国、米国の合計が30%以上を占めています。対中貿易は輸出、輸入とも上位が電機電子機器と一般機械ですが、電機電子機器では部品を輸出して、完成品を輸入するという傾向になっています。

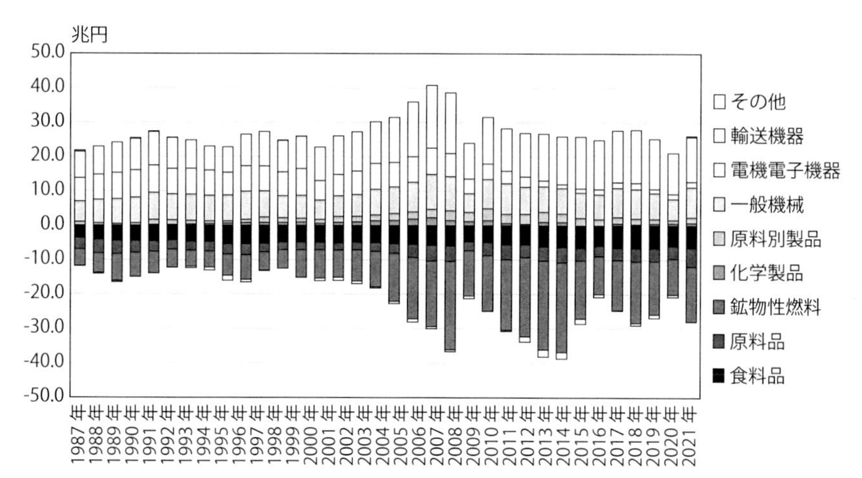

図4-26　日本の業種別貿易収支と海外事業からの収入

輸出入額：財務省貿易統計、円ドルレート：IMF

2019年　日本からの輸出　総額：76.9兆円		
米国	19.80%	輸送機械（5.7）、機械（3.6）、電機電子機器（2.0）
中国	19.10%	機械（3.4）、電機電子機器（3.0）、化学製品（2.5）
韓国	6.60%	化学製品（1.3）、機械（0.9）、電機電子機器（0.9）
台湾	6.10%	電子部品，金属・金属製品，情報通信機器★
香港	4.80%	通信・音響機器，電機電子機器★

2019年　日本への輸入　総額：78.6兆円		
中国	23.50%	電機電子機器（5.3）、機械（3.4）、原料別（2.2）
米国	11.00%	食料品（1.4）、化学製品（1.4）、機械（1.2）
オーストラリア	6.30%	石油・コークス、練炭，天然ガス、製造ガス★
韓国	4.10%	原料別（0.7）、化学製品（0.5）、電機電子機器（0.5）
サウジアラビア	3.80%	石油及び石油製品★

★は貿易統計から上位品目が読み取れなかったため、外務省HPから得た代表的貿易品情報

2021年　日本からの輸出　総額：83.1兆円		
中国	21.60%	一般機械（4.1）、電機電子機器（3.9）、化学製品（3.1）
米国	17.80%	輸送機械（4.7）、一般機械（3.6）、電機電子機器（2.2）
台湾	7.20%	電子部品，金属・金属製品，情報通信機器★
韓国	6.90%	化学製品（1.3）、一般機械（1.2）、電機電子機器（1.0）
香港	4.70%	電機電子機器、通信・音響機器，事務機器★

2021年　日本への輸入　総額：84.9兆円		
中国	24.00%	電機電子機器（6.2）、一般機械（3.8）、原料別製品（2.5）
米国	10.50%	化学製品（1.8）、食料品（1.6）、鉱物性燃料（1.3）
オーストラリア	6.80%	石炭（1.8），天然ガス（1.4）、鉄鉱石（1.0）
台湾	4.30%	一般機械、電子部品、化学品★
韓国	4.10%	原料別製品（0.8）、化学製品（0.6）、鉱物性燃料（0.5）

（　）内は各製品分野の金額（兆円）

図4-27　貿易相手国　日本の貿易相手国

参考文献

［1］ 内閣府：国民経済計算年次推計、経済社会総合研究所 国民経済計算（GDP統計）サイト（2023/8/20取得　https://www.esri.cao.go.jp/jp/sna/data/data_list/kakuhou/files/files_kakuhou.html）

［2］ 21世紀中国総研 編：中国情報ハンドブック2021版、蒼蒼社、2021/7

［3］ 日中経済協会：中国経済データハンドブック2022年版、日中経済協会、2022/12

［4］ 財務省：法人企業統計調査時系列データ、財務総合政策研究所サイト（2023/8/20取得　https://www.mof.go.jp/pri/reference/ssc/results/index.htm）

［5］ 経済産業省：海外事業活動基本調査、統計サイト、（2023/8/20取得https://www.meti.go.jp/statistics/tyo/kaigaizi/index.html）

［6］ 日本工作機械工業会：工作機械統計要覧 2023年、2023/7

［7］ 日本銀行：国内企業物価指数・輸出物価指数・輸入物価指数（2020年基準）、時系列統計データ検索サイト（2023/8/20取得　https://www.stat-search.boj.or.jp/ssi/cgi-bin/famecgi2?cgi＝$nme_a000&lstSelection＝PR01）

［8］ 総務省：消費者物価指数、総務省統計局サイト時系列データ、（2023/8/20取得 https://www.stat.go.jp/data/cpi/）

［9］ 経済産業省：工業統計調査、統計サイト（2023/8/20取得　https://www.meti.go.jp/statistics/tyo/kougyo/result-2.html）

［10］ 日本自動車工業会：世界自動車統計年報第18集、2019

［11］ 日本自動車工業会：日本の自動車工業2022、日本自動車工業会　統計・資料サイト、（2023/8/20取得　https://www.jama.or.jp/library/publish/mioj/ebook/2022/MIoJ2022_j.pdf）

［12］ 宇田川勝：日本の自動車産業経営史、文眞堂、2013/10

［13］ トヨタ自動車：「トヨタ自動車75年史」、トヨタ企業サイト、（2023/8/20取得 https://www.toyota.co.jp/jpn/company/history/75years/）

［14］ 渡邊博子：第2部　第4章日系家電メーカーにおけるグローバル化の進展と分業再編成、中国の台頭とアジア諸国の機械関連産業―新たなビジネスチャンスと分業再編への対応―、アジア経済研究所、調査研究報告書、2003/9

［15］ 西澤佑介：「液晶テレビ産業における日本企業の革新と衰退」、経営史学、Vol.49,No.2、pp3-27、経営史学会、2014/9

［16］ 平本厚：「日本薄型テレビ産業の研究史について」、研究年報『経済学』（東北大学）Vol.77, No.1、p177-191、東北大学経済学会、2019/3

［17］ 新宅純二郎、善本哲夫：第4章　液晶テレビ・パネル産業　アジアにおける国

際分業、モノづくりの国際経営戦略－アジアの産業地理学－、有斐閣、2009/4
[18] 中田行彦：液晶産業における日本の競争力―低下原因の分析と「コアナショナル経営」の提案―、RIETI　Discussion Paper Series07-J-017、経済産業研究所、2007/4
[19] 赤羽淳：「台湾TFT-LCD産業　発展過程における日本企業と台湾政府の役割」、アジア研究、Vol.50、No.4、2004/10
[20] 藤本隆宏編：「人工物」複雑化の時代：設計立国日本の産業競争力（東京大学ものづくり経営研究シリーズ）、有斐閣、2003/3
[21] JEITA：民生用電子機器国内出荷データ集2021、日本電子情報技術産業協会、2022/12
[22] 財務省：普通貿易統計、貿易統計（2023/8/20取得 https://www.customs.go.jp/toukei/info/）
[23] 内閣府：Society5.0、科学技術イノベーションサイト（2023・8・29取得 https://www8.cao.go.jp/cstp/society5_0/index.html）
[24] United Nations　Statistics Division：National Accounts-Analysis of Main Aggregates　サイト、GDP and its breakdown at current prices in US Dollars（2023/8/26取得　https://unstats.un.org/unsd/snaama/Downloads）
[25] United Nations　Statistics Division：National Accounts-Analysis of Main Aggregates　サイト、Exchange Rates and Population（2023/8/26取得 https://unstats.un.org/unsd/snaama/Downloads）
[26] 外務省：国・地域サイトから、台湾、香港、オーストラリア、サウジアラビア（20203/8/20取得　https://www.mofa.go.jp/mofaj/area/index.html）

終章

ロボット産業の今後の発展のために

最後に、これまでの日本のロボット産業と製造業の経緯を踏まえ、今後の日本のロボット産業の発展に必要な「用途拡大」と「国際競争力強化」の2点に絞って整理します。いずれの点も、国策に反映するか、業界独自の活動に展開すべき内容ですが、個々のロボットメーカやシステムインテグレータにとっても「自社の事業拡大」と「自社の競争力強化」に直結する問題です。

本書では、製造現場における産業用ロボットの発展経緯を追いながら解説してきましたので、ロボット産業の初期から現在に至るまで、市場の多くを占めるユーザである自動車産業と電機電子産業に関する話題が中心となりました。ロボット産業は立ち上がってからすでに40年あまりが経過しており、「用途拡大」は初期のころから業界の強い関心事でしたが、現実の普及分野は思いのほか限定的な展開となっているということを意味しています。しかしこれは、見方を変えれば、発展の余地がまだ大きいとも言えます。

2010年以降、日本のロボット産業は好調で生産規模は拡大しています。しかし、世界市場の拡大スピードの方がはるかに早く、日本製ロボットの世界シェアは低下し続けており、今後もまだ下がる可能性は十分にあります。ただし下がったとはいえ、2021年の世界シェア45%は、日本の工業製品としてはかなり高い方です。市場の拡大とそれに対応する供給能力を確保するためには、業界全体のキャパシティの拡大は必要なことですので、市場競争への参加国の拡大は、必ずしも悪いことではありません。

しかしこれは程度問題です。問題は、追従してくるのが、圧倒的な需要国でなおかつ生産財の強化を国策として推進している中国であることです。これまで優位であった日本のロボット産業の「国際競争力」を活かして、自らを信頼しつつも過信せず、将来にわたって世界市場でなお優位にロボット事業を展開するための足場固めが必要です。

1　用途拡大

1-1　産業用ロボットの潜在需要

2021年の産業用ロボットの全世界出荷台数は、50万台を超えました。しかし、全世界でたったの50万台です。金額に換算してもわずか数兆円規模にすぎません。それでは、どのくらいまでロボットの市場規模は期待できるのでしょうか？ 多少乱暴なシミュレーションですが、現状をベースとした世界市場規模の推定値を**図終-1**に示します。全世界がたとえば日本や中国と同じくらいの密度で産業用ロボットを使用するとしたら、全世界で何台の市場になるか、という試算です。図終-1で、たとえば、日本のデータでは、2021年の製造業のGDPは9952億ドルで、ロボットの導入台数は4万7182台でしたので、

	製造業GDP（米ドル、カッコ内は構成比）	ロボット導入台数（台）	ロボット密度（台/億米ドル）	世界市場の台数換算（台）
全世界	15兆6829億（100%）	517,385	3.3	517,385
日本	9952億（6.3%）	47,182	4.74	743,481
中国	4兆8658億（31.0%）	268,195	5.51	864,360
米国	2兆4968億（15.9%）	34,987	1.4	219,748
ドイツ	8032億（5.1%）	23,777	2.96	464,225
タイ	1367億（0.9%）	3,914	2.86	449,068

A：製造業GDP：製造業の年間付加価値総額、GDPの製造業分
B：ロボット導入台数：各国を向け先として出荷されたロボットの台数
C：ロボット密度：製造業GDP1億ドルあたりのロボット台数＝A/B
D：世界台数換算：その国の密度で全世界にロボットが導入された場合の台数
　＝C×全世界の製造業GDP

データ出典：National Accounts Main Aggregates Database（UN）、World Robotics 2022（IFR）

図終-1　各国のロボット導入台数と製造業の付加価値総額

日本の十億ドルの付加価値あたりのロボット密度は4.74台となります。全世界が日本と同じ密度でロボットを使うとしたら、74万3481台必要になります。ロボットの導入が急速に進んでる中国で試算しても86万台です。現在の中国の利用程度を全世界に展開したとしても、市場規模は1.67倍にしかなりません。これは「現在の利用程度」に対して用途拡大がなければ、潜在市場規模も実は大した規模ではない、という試算結果です。

この試算で、もう一つ気になるのは、ロボット利用が進んでいると思われていた米国、ドイツ、タイのロボット密度の低さです。米国、ドイツの導入台数には間接輸出も多く含まれているので、実態はさらに低いと思われます。自動化は進んでいても、意外とロボットの活用は進んでいないのかもしれません。

1-2　用途拡大のアプローチ

2020年の日本製ロボットの国内向け出荷3万8000台のうち、自動車産業向けが1万1000台、電機電子産業向けが1万3000台です。この2分野向けが60%以上を占めており、依然として圧倒的なビッグユーザです。用途拡大の方法としては、圧倒的なビッグユーザで徹底してロボットアプリケーションを磨き、ここで得られた成果を他分野に適用するという展開があります。これまでの市場展開では、このようなプロセスを経て他の分野に展開されていった用途も少なくないと考えられます。自動車分野と電機電子系分野でも、実際にロボットを活用している現場は思いのほか限定的で、ビッグユーザの職場の中にも、ロボット化未開拓用途は数多く存在します。あえて生産技術力の高い既存のビッグユーザの中で徹底的にロボットアプリケーションを開発して、他分野への転用の可能性を広げる方法も、合理的な用途拡大活動の一つです。

用途を拡大すべき有望な未開拓分野を限定し、徹底して用途拡大を図る方法も有効です。両方のアプローチを並行して進めることにより、同じような作業でも業種やユーザの置かれた状況に応じた異なるソリューションになるという見識を広げることは、ロボット産業の次のステップに必要だと思います。

■ 利用分野拡大のケーススタディ

未開拓分野の利用拡大のケーススタディとして、食品分野でのロボット活用について考えてみましょう。日本ロボット工業会の日本国内向け出荷の分野別統計では、2010年代の食品分野向けのロボット出荷台数は2～3%です。IFRの国際統計でも、食品分野向けは全世界出荷台数の3%ほどで推移しています。世界市場が拡大していますので食品分野向けロボットの台数は増えていますが、利用分野として拡大しているとは言えない状況です。

食品分野にロボットを普及させるための第一のポイントは、非定型でデリケートな食品ワークのハンドリング技術の実用化です。食材や食品を直接扱う作業にロボットを活用するために必要な技術で、これまでの食品分野へのロボット利用拡大はおおむねこの方向の活動が中心であり、開発成果は上がっています[1]。しかし、食品は製品単価が安いという厳しい制約条件もあり、作業が可能になったとしても、必ずしもロボットの導入に直結しません。

第二のポイントは、従来の生産工程を自動化に適した工程に見直すことです。食品産業の多くが人手作業に依存した製造現場であり、人手作業である程度完成された生産ラインをそのままロボット化しても、合理的な自動化ラインにはなりません。この生産ラインは、人の能力を最大限に活かせるように工程設計されており、人の作業速度に応じてラインバランスが決められています。しかも人手作業の場合は、無意識のうちに作業品質のチェックをしており、何らかの異常を感じれば、責任者にそれを伝える能力があります。残念ながらロボットは人の能力にははるかに及びませんので、人による作業の工程をそのままロボットで置き換えても人手作業と同じ生産性能は期待できません。ロボットに向いた工程に変更し、補完的に人手作業も取り入れることで、高い能力を発揮する自動化生産システムに設計しなおす必要があります。

第三のポイントは、製造現場の各種環境を、自動化に備えて整備することです。人手作業で長らく事業を続けてきた生産現場は自動化に向かない部分が多くみられます。たとえば、伝票処理、データの管理方法、材料や製品の動線、棚やコンベアなどの高さ規格など、情報系から物理的な環境まで、まずは生産現場全体を自動化に対応しやすいように変えることが必要です。

食品産業のように自動化との縁が薄いユーザが多い分野でのロボット利用拡大には、生産システム設計やインダストリアル・エンジニアリング（生産工学）からのアプローチが必要になります。これは人手作業で発展してきた生産現場で、ロボットによる自動化を進める場合にも共通する考え方です。

業界雑誌の変遷に見る自動化の変化

「自動化」に関する製造業の動向は工業系の雑誌から得られるのですが、その工業系の雑誌の発刊、休刊の歴史からも、「自動化」の概念の変化を垣間見ることができます。まず機械に関する雑誌として発刊が早かったのは、「機械の研究」（養賢堂、1949年～）、「機械技術」（日刊工業新聞社、1953年～）、「産業機械」（日本産業機械工業会、1953年～）で、1950年前後から機械産業の技術が雑誌で語られるようになりました。

さらに「工場管理」（日刊工業新聞社、1955年～）、「オートメーション」（日刊工業新聞社、1956年～2003年）、「機械設計」（日刊工業新聞社、1959年～）と続き、「生産管理」「生産機械」が語られ始めました。このころの「自動化」は自動組み立て機のような専用機械による生産性向上の雰囲気が強いようです。

少し間をおいて、高度成長期の末期に、「自動化技術」（工業調査会、1969年～1998年）、「省力と自動化」（オーム社、1970年～1995年）と、直接的に「自動化」を対象とした雑誌が登場します。当然のことながら、このころから先行雑誌にも「自動化」を取り上げる記事は増えています。興味深いことに、「省力と自動化」「自動化技術」「オートメーション」が1995年以降に休刊になっています。「自動化」が一般化・日常化して、工業技術の切り口として集約する意味がなくなったのだと思います。

2　国際競争力強化

産業用ロボット市場における国際競争は、1990年代には日本企業10社ほどと欧州の数社とに絞り込まれていましたが、2000年代に入り韓国、台湾、少し遅れて中国が存在感を示し始めました。日本のロボット産業は現在でも世界への供給台数はトップシェアで世界市場の拡大に応じて出荷台数は拡大していますが、今後は確実に中国ロボット産業の追従を受けます。グローバル化が一段と加速される今後のロボット産業において、日本が存在価値を高め発展し続けるためには、何を指向していくべきか考えてみましょう[2][3][4]。

2-1　国際競争力の根源

中国製ロボットが今後どのような進化を遂げてくるのかは未知数です。現在のところ日本製ロボットには機能・性能面でのアドバンテージがありますが、差はどんどん縮まると思います。今後は機能・性能だけでなく、「日本ならでは」の競争力の根源を開拓していく必要があります。日本は依然として、工業技術に長けた国であることはまぎれもない事実で、ほとんどすべての製造業種を国内に保有しており、幅広い要素技術を持ちあわせています。これを活かすことができれば「日本ならでは」の競争力になります。ロボット産業における「日本ならでは」の競争力の根源は、**図終-2**に示すように、基礎基盤技術から生産システムまで幅広くとらえる必要があります。

産業用ロボットは普及元年以来40年ほどで、機能性能は向上しましたが、基本的な技術構成は2000年以降、大きくは変わっていません。新興工業国に対して優位に立つために今後重要になるのは、基礎基盤技術の革新と実用化のスピードアップです。幸いにして今のところ日本には基礎基盤技術や工業技術は豊富に蓄積されていますので、分野間での技術交流から、新たな技術展開が産まれる可能性も十分にあります。

これまでのロボット産業は、実績のある部品や材料にこだわることで信頼性

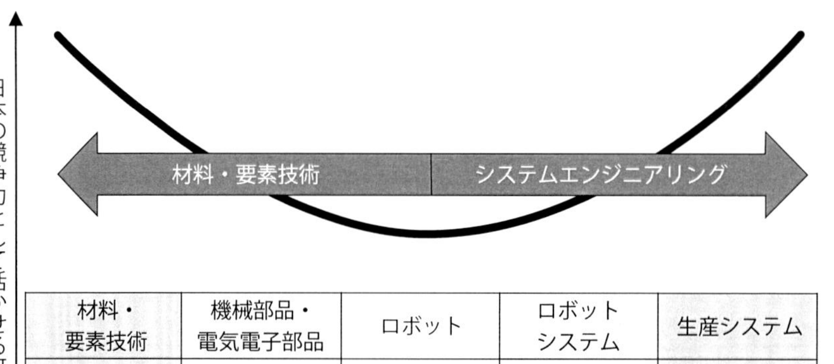

材料・要素技術	機械部品・電気電子部品	ロボット	ロボットシステム	生産システム
構造材料、センシングデバイス、摩擦・摩耗・潤滑、制御、通信、情報処理など	駆動系部品、動力伝達系部品、パワーエレクトロニクス、プロセッサなど	垂直関節型、水平関節型、直行型、パラレルリンク型、協働、クリーンなど	溶接セル、組立セル、ローダ/アンローダ、ランダムピッキング、パレタイジングなど	モータ組立システム、機械加工システム、検査システム、半導体生産システムなど

図終-2　ロボット関連技術と国際競争力

を確保してきました。生産システムは、安心・安全に加えて生産を止めない安定性が要求されますので、生産財産業としては正しい選択でした。今後はこの制約を超えて、新たな展開を求める活動が必要です。日本が保有している良質な基礎基盤技術に対して産業用ロボット側からのアプローチを強め、新たにロボットに適した材料や部品を実用化することで、国際競争力向上の可能性が開けます。これが図終-2の左側に示す材料・要素技術の軸です。この軸では、従来の産業用ロボットの欠点を徹底的に排除するような課題設定をすべきです。たとえば、ケーブルレスロボットのためのロボット用非接触給電と機体内無線通信、ボルトレスロボットのための材料の接合技術、大幅な軽量化のための構造体・機械部品の樹脂化、ロボットのあらゆる部分にセンサを組み込むためのセンサデバイスの材料への組み込み技術など、解決できればロボットの基本的な構成・構造に大きなアドバンテージをもたらすような課題です。

一方、これまでの産業用ロボットの技術の変遷にも見られたように、時代とともに個々の機械の機能性能の追求から、同じ機械を使ってもより高い効果を上げるというシステムインテグレーション指向に進んでいます。ロボット産業にはこの優れたシステムインテグレーション技術が不可欠で、ロボット産業の枠組みの中でどのように技術強化をして、どのように体制づくりをしていくのかが、これからの国際競争力を大きく左右します。単にロボットの応用技術力を高めるということではなく、成長期の製造業の原動力として世界からも注目されてきた日本の自動化技術の視点からロボット産業を見直すことが必要です。これが図終-2の右側に示すシステムエンジニアリングの軸です。こちら側の軸では、経験に頼りがちになるシステムエンジニアリングを、ロボットによる生産技術として理論的に体系化する取り組みも必要です。

2-2　ロボット産業における競争と協調

ロボット産業に関する技術の広がりは、図終-2に示したように、材料のような要素技術から、生産システム管理のようなシステム技術まで広い範囲にわたっています。これは、ほとんどのロボットメーカあるいはシステムインテグレータにとって、単独で対応できる範囲を超えています。逆の見方をすると、個社での対応が難しい範囲まで技術の幅を広げることにより、日本特有の国際競争力が獲得できる可能性が高まると考えられます。

日本では、従来は自前の技術にこだわる傾向がありましたが、技術の複雑化が進むに従いオープンイノベーション指向が強まっています。業界全体の競争力強化のためには、競争を前提としつつも、業界の共通基盤強化のためのオープンイノベーション、すなわち協調開発ができる体制が望まれます。**図終-3**にロボット業界に望まれる技術面での競争と協調の構図を示します。期待できる協調としては、協調領域【1】の業界共通仕様の設定と運用、協調領域【2】の個社ではできない活動の協働実施、という2通りの領域があります。

協調領域【1】は、産業用ロボットに関しては日本ロボット工業会、あるいは日本ロボットシステムインテグレータ協会が担う範疇の協調ですが、これまで以上に業界団体として果たすべき役割を再確認することが必要です。技術革新に直結し国際競争力を左右する協調領域【2】は、国内の競合各社の共同体

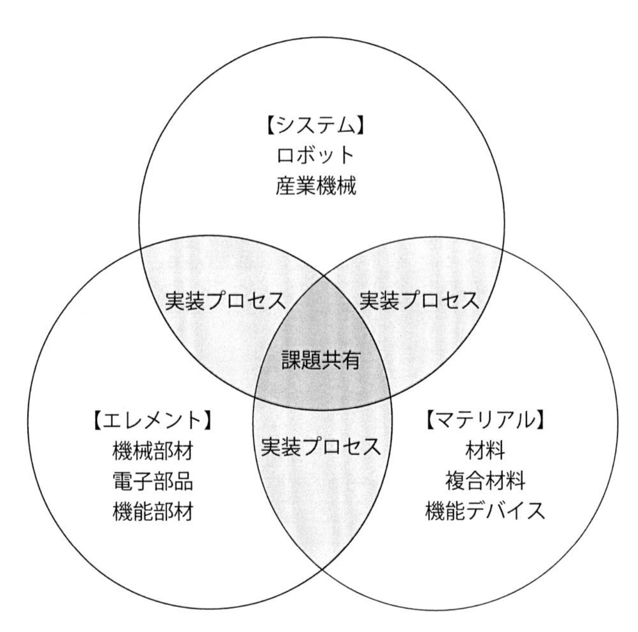

図終-4　機械要素技術イノベーション実現のための垂直協業

制ですから運用は非常に難しく、競争と協調の線引きにあいまいさが残るとうまくいきません。業界内での確実な共同認識の下で運用されるべきもので、ROBOCIP[5]はこれに相当する組織として2020年に設立されています。

以上は、ロボット業界の水平協業に関する議論ですが、日本の豊富な基礎基盤技術を活かすために異業種との垂直協業も必要になります。機械要素に関する垂直協業のイメージを**図終-4**に示します。産業用ロボットというシステムを構成するエレメントとマテリアルの3者による協調体制で、実績のある部品や材料を求めるのではなく、ロボットに適した部品や材料の開発まで踏みこんだ活動を期待するものです。エレメント、マテリアル側にとっては、産業用ロボットという限定したシステムアプリケーションをきっかけとして、産業機械全般に対するアプローチが開けることを期待したいところです。

ロボット関連技術

- **競争領域：本来の企業間競争に委ねられるべき技術領域**
  - ・ロボットの機能や性能を高める技術
  - ・応用分野におけるロボット活用に関わる知識やノウハウ
- 協調領域：業界全体強化のための技術
  - **協調領域【1】：業界横断的に共有すべき技術領域**
    - ・表示、安全要件、インターフェース仕様などの標準化
    - ・普及促進や裾野拡大効果を期待する領域
  - **協調領域【2】：個社では解決できない技術領域**
    - ・新素材、センサデバイスなど、他業界との協業
    - ・機器内通信技術など、業界を超えた標準化開発

図終-3　産業用ロボット技術の競争領域と協調領域

フランケンシュタイン・コンプレックス

日本と海外では「ロボット」に対するイメージに若干の違いがあります。たとえば、欧米のロボット商談における失注には、労働組合の合意が得られずに導入を断念するというケースもたまに含まれます。日本では、職場環境の改善と競争力強化の両面から、ロボット導入については労使ともに肯定的であることが多いと思いますが、欧米では事情が異なるようです。

ロボットの語源として必ず引き合いに出されるのが、チェコのカレル・チャペックが1920年に発表した戯曲『ロッサム万能ロボット会社』です。これは、労働の代替として普及したロボットが、堕落した人間を駆逐する話です。映画の世界では『メトロポリス』に登場するマリアが最初のロボットらしいロボットです。こちらは1927年に公開されたフリッツ・ラング監督のドイツ映画で、アンドロイド型ロボットのマリアが労働者階級を扇動して反乱を起こ

す、というあらすじです。いずれの作品も明るい話ではありません。

このように、創造物が創造主を破滅に至らしめる概念を「フランケンシュタイン・コンプレックス」と言いますが、日本ではあまり耳にしません。『フランケンシュタイン』は1818年に発表されたシェリー夫人による小説で、怪物を作り出した主人公の名前です。1931年に映画化された際にボリス・カーロフが演じた怪物のビジュアルインパクトが強く、その後のイメージを定着させたようです。映画はいささか原作とは違いますが、創造された怪物が創造主であるフランケンシュタイン氏を破滅させるシナリオに変わりはありません。

「フランケンシュタイン・コンプレックス」は「ロボット工学三原則」を示したアイザック・アシモフが名付け親で、1950年に発表されたロボットテーマの短編集『われはロボット』の「迷子のロボット」や、短編集『ロボットの時代』の序文で使われています。アシモフは、人造人間が人間を滅ぼす暗いプロットを「フランケンシュタイン・コンプレックス」と表現し、その対極として「ロボット工学三原則」を示しました。「ロボット工学三原則」は、対人安全、命令服従、自己防衛の三原則からなり、アシモフはこの三原則を前提とした人間社会に共存するロボットを主役とした小説を展開しました。

一方、日本人はロボットに愛着を持って接することが多く、近代の日本人にとってのロボットのルーツは『鉄腕アトム』と『鉄人28号』です。鉄腕アトムは頼りになるともだち型ロボットで、その後ドラえもんをはじめアシモフのロボット工学三原則を逸脱しない多くのともだち型ロボットが産まれています。鉄人28号は操縦型ロボットで、これが『機動戦士ガンダム』などに登場するモビルスーツにつながり、操縦型は操縦者たる人間に全責任があります。

手塚治虫の『鉄腕アトム』 は1952年から雑誌の連載が始まり、1963年からテレビアニメがスタートしています。横山光輝の『鉄人28号』は1956年から雑誌の連載が始まり、アトムと同じ1963年からテレビアニメがスタートしています。ロボット普及元年に関わった多くの産業用ロボット技術者はちょうど『鉄腕アトム』や『鉄人28号』を見て育った世代です。『ロッサム万能ロボット会社』も『メトロポリス』ももちろん日本には紹介されています。手塚治虫の初期SF三部作である1949年の『メトロポリス』は映画の『メトロポリス』からの着想で「フランケンシュタイン・コンプレックス」を描いた作品ですが、『鉄腕アトム』は全編「ロボット工学三原則」に従ったシナリオになっています。手塚治虫はアシモフのマインドとどのように接したかは定かではありませんが、いずれにせよ『鉄腕アトム』が日本に強烈な「非フランケンシュタイン・コンプレックス」を植え付けたことに変わりはありません。

このあたりの違いが、日本人と欧米人との「ロボット」感の根底にあります。アジア諸国ではどうでしょうか？　どうも日本人ほどのともだち感もなければ、欧米人のような警戒感も明確には見られないようです。彼らは産業用ロボットから入ったため、しいて言えば道具とみなす感覚が強いのでしょう。

参考文献

[1]　内閣府SIP第2期フィジカル空間ディジタル処理基盤サブグループIII「CPS構築のためのセンサリッチ柔軟エンドエフェクタシステムの開発と実用化」研究責任者：立命館大学川村貞夫、(2018年度～2022年度)

[2]　Kodaira, Norio：“Expected Innovation in Industrial Robots”, Advanced Robotics, Vol.30、No.17、p1088-1094、the Robotics Society of Japan、2016

[3]　小平紀生：「製造業向けロボット技術イノベーションのために何を行うべきか？」、日本ロボット学会誌Vol.33,No.5、p348-352、日本ロボット学会、2015/6

[4]　小平紀生：「ロボット産業におけるシステムインテグレーション」、ロボットNo.243 p3-8、日本ロボット工業会、2018/7

[5]　ROBOCIP：(2023/8/29取得　https://www.robocip.or.jp/)

おわりに

ロボット普及元年前後にロボットメーカ各社でロボット開発に関わった若手技術者は、アニメの『鉄腕アトム』を見て育った世代です。私もまぎれもなくその一員です。その後もSFに親しみつつ、アポロ11号の人類月面到達をリアルタイムで見て、理工系の技術が社会を形作っていくことに微塵の疑問も持たず工学部に進学しました。幸いにして、日本のロボット学の先駆者である森正弘先生、梅谷陽二先生の薫陶を得ることができたものの、ロボット産業はいまだ黎明期。1975年当時に勢いのあった総合電機メーカに就職するのが精いっぱいのポジショニングでした。

幸運にも機会を得て、三菱電機の応用機器研究所（当時）で産業用ロボットの製品開発に着手したのは、普及元年にほんの少しだけ先立つ1978年の年末のことでした。社内の生産設備として、電動ロボットに相当する自動機の開発は生産技術研究所で数多く手掛けられていましたが、外販製品としての産業用ロボットの開発は、先行他社と比べて若干遅めのスタートでした。それ以来、13年あまりを兵庫県の研究所で研究職として過ごしました。ちょうど1980年代のロボット産業の初期成長期と重なった期間です。試作初号機の開発を終えた後はロボットの研究開発が中心でしたが、若干広めの生産財産業に視点を置いていました。

研究所から事業担当工場の設計開発部門へ異動になったのが1992年。バブル崩壊と重なったのは偶然のことながら運命的でもありました。それから実際の事業を担当した14年あまり、今度はロボット産業の長い停滞期と重なった時期です。伸び悩むビジネスを担当し、製品開発に、海外事業体制強化に、厳しくもスリリングな会社員生活を過ごしました。

2007年に工場を離れ、社外のロボット産業に関連する学会、業界、官公庁への対応をすべて引き受けるようになってからは、自然とロボット産業を製造業側から客観的に見るようになり始めました。学会での、「産業用ロボットはもうやることもあまりなくなった。これからはサービスロボットだ」という雰囲気にも疑問を抱き、「ロボット大国と威張ったところで大した市場規模でもないし、ましてや国内の自動化需要は実は惨憺たるものではないか」と思い始めたのが本音のところです。一方、リーマンショック以降、ロボット市場は中国需要拡大により再成長を遂げました。おそらく本当の国際競争、用途拡大はこれから始まり、この先は日本のロボット産業の真価が問われるのではないかという思いも抱いています。

振り返ってみると、私たちはバブル崩壊以降の日本で、企業なり、行政なり、教育なり、それぞれの立場で、社会をけん引すべき役回りであったにもかかわらず、停滞経済にしてしまった責任を問われるべき世代であったという反省も抱いています。

このような、さまざまなロボットに関わる経歴や思いも背景として本書を仕上げました。その意味では、産業用ロボット業界が今後どのように展開していくかを見極め、語り継ぐ必要性を感じています。

本書を執筆するにあたって、ご支援いただいた多くの皆様に感謝いたします。特に、直接インタビューに答えていただきました、ファナックの榊原伸介様、松原俊介様、安川電機の鈴木健生様。資料提供などでご協力いただきました皆様。また、純粋な工学的思考しか持たぬ私に、経営学への扉を開いていただいた明治大学商学研究科の富野貴弘先生には特に深く感謝いたします。さらに、初めての著作の難産に辛抱強くご対応いただいた、日刊工業新聞社出版局の宇田川勝隆局長、岡野晋弥様、ご迷惑おかけしました。最後に、経済産業省の小林寛様、約束果たしましたよ。

2023年9月　国立国会図書館にて原稿のチェックを終えつつ

小平紀生

索 引

英数字

あ

か

さ

た

な

は

ま

や

ら

著者略歴

小平 紀生（こだいら のりお）

1975年東京工業大学工学部機械物理工学科卒業、三菱電機株式会社に入社。1978年に産業用ロボットの開発に着手して以来、同社の研究所、稲沢製作所、名古屋製作所で産業用ロボットビジネスに従事。2007年に本社主管技師長。2013年に主席技監。2022年に70歳で退職。

日本ロボット工業会では、長年システムエンジニアリング部会長、ロボット技術検討部会長を歴任後、現在は日本ロボット工業会から独立した日本ロボットシステムインテグレータ協会参与。日本ロボット学会では2013年～2014年に第16代会長に就任し、現在は名誉会長。

産業用ロボット全史
自動化の発展から見る要素技術と生産システムの変遷　NDC548.3

2023年9月29日　初版1刷発行
2024年9月20日　初版5刷発行
定価はカバーに表示されております。

©著　者　小平紀生
発行者　井水治博
発行所　日刊工業新聞社

〒103-8548　東京都中央区日本橋小網町14-1
電話　書籍編集部　03-5644-7490
販売・管理部　03-5644-7403
FAX　03-5644-7400
振替口座　00190-2-186076
URL　https://pub.nikkan.co.jp/
e-mail　info_shuppan@nikkan.tech

印刷・製本　新日本印刷株式会社（POD4）

落丁・乱丁本はお取り替えいたします。　2023 Printed in Japan

ISBN 978-4-526-08291-7